過年囉！

歡喜團圓做年菜

作者—程安琪

那些年，我們家吃的年菜

　　今年夏天 7 月的時候，我正在佛羅里達的妹妹家度假，收到弟弟寫給我的一封電子信，他讓我看看他寫的幾篇短文。那是他對從前家裡過年的一些回憶，我從來不覺得他的文筆有多好，但是看著看著，我的眼眶濕潤了，淚水不聽話的滑落下來。的確，對過年，我們都有著相同的美好回憶，今年是爸爸過世 20 周年，媽媽也走了 13 年，看到弟弟寫的這些短文，特別觸動了我心底的記憶。對他在信末說到想出一本食譜，記錄我們家的年菜，不由得也心動的答應他了！

　　爺爺奶奶和姥姥是在民國 50 年才從大陸申請到香港，再被爸媽接到了台北一起住，因為他們三位老人家的到來，所以家中的一些親戚以及和爸媽走得近的朋友，每逢過年都會來家裡給他們拜年；而且媽媽那時開始上電視教做菜，大家也都想來嘗嘗媽媽的手藝，幾年下來就形成了每年初三在我們家團拜吃午飯的習慣，大大小小加起來總有 40 多人。爸爸那天總會穿起應景的棉袍和大人們聊聊天，推推牌九同樂，我們小孩子們（其實都有十三、四歲了）則是一起放鞭炮、玩遊戲，好不開心！只有媽媽指揮著佣人忙著張羅上菜，這些菜大部分是媽媽在年前就準備好的，加上幾個熱炒跟火鍋，在媽媽魔術般的快手之下，很快的就擺滿了一大桌，在一聲「開飯了」的吆喝聲中，大家一擁而上，夾起愛吃的菜，放滿一盤子，再找個好位子，跟旁邊的人邊吃邊聊，好不熱鬧。

　　等我長大些，脫離了玩的階段，開始幫媽媽準備請客的年菜時，才知道那一聲「開飯了」說來有多麼不容易。

　　通常奶奶和媽媽從過年前幾個禮拜，就要開始準備年菜了，從訂山東白菜，積 2～3 大缸的酸白菜，到灌香腸、曬臘肉，再到過年的前一個禮拜，發海參、發蹄筋、泡海蜇，上市場去買各種肉類（來做雞凍、虎皮凍、扣肉、

炸丸子、熬高湯）、買海鮮，裡面最特別的是買烙子魚來炸魚脯（當時也弄不清是哪兩個字，其實就是我們現在說的魟魚，奶奶的大連方言叫烙子魚），因為酸白菜吸油，要放炸丸子和炸魚脯才會使酸白菜更好吃。

　　等到了過年前 3 ～ 4 天，媽媽總要挑個比較暖和的天氣來發麵做餑餑，天暖一點，麵發得快，因為要做各式各樣的餑餑，所以會在不同的時間發麵，時間都要算好，免得麵發起來了，我們還來不及蒸，這可是準備年菜中的重頭戲！就像弟弟在「餑餑與糕」的篇章頁中說的，連他都出動一起來揉麵。媽媽分好大、小麵糰讓我們來揉，揉麵是件很不可思議的事情，我的手總是不熱，所以怎麼揉，麵都不光，凹凹凸凸的有小洞；但是到了媽媽手中，揉幾下麵就光滑了，爸爸的手也熱，可以揉得光。所以我們三個小苦力先揉，再交給媽媽去整成型。揉麵的過程中，一面聊天、一面比較誰揉的及格，好不溫馨！再來就是等蒸好開鍋時的成果驗收，每每在歡呼聲中，一天的酸痛都忘記了！

　　就這樣一年一年、十年、二十年的過去了，隨著爺爺奶奶的去世、爸媽的離開，親朋中最年長的夏伯伯也以 98 歲高齡在幾個禮拜前過世了。這本食譜「過年囉！歡喜團圓做年菜」，雖然在我 8 月出國回來，就趁著暑假把它拍攝完稿，但是每每執筆要寫序言時，總忍不住鼻酸的難以下筆。回想起爸媽對我的疼愛，讓我無憂無慮的生活著，直到我 45 歲時爸爸過世了，他的一句話還常常在我耳邊響起，他說：「兒子不能沒有，女兒是越多越好！」我想這是他對我和妹妹的一種讚美和疼愛吧！

　　謹以此書和讀者朋友們分享──那些年我們家吃的年菜！

程安琪

目錄

第六章　香腸、臘腸與臘味飯

第一章

特殊年菜

華人在農曆除夕的晚餐，通常稱之為年夜飯，或
是團年飯、團圓飯、圍爐，最重要的意義是全家人團
聚，共度新年開始，取個好兆頭。

特殊年菜

有些菜除了過年，一般日子裡，媽媽是不會做的，像豬皮凍（媽媽稱它是虎皮凍，多好聽的名字！）、雞凍，這是爺爺過年最愛吃的下酒菜。只有在過年期間，媽媽會一次做上好幾碗，放在冰箱裡，每頓飯端一盤出來。這時爺爺如果酒興來了，就會倒上一盅好酒，就著這碗凍，自得其樂的獨飲。

後來我常想，這道看起來不難做的菜，為什麼只有在過年期間媽媽才會做呢？許多年後，我才明白做為主婦的難為。尤其到了過年，家裡川流不息的客人，每頓飯都不知道有多少人會留下來吃飯。一不小心，多個三、五人搭伙，臨時要怎麼變出那麼多的菜呀？這時候，這些年前準備好的特殊年菜，就可以發揮它的功用了。

一盤豬皮凍、一盤雞凍，再拿出一些滷好、可以馬上切盤的滷蛋、滷牛腱、滷豬肚、豆干跟海帶，加上烤麩、燻魚、拌海蜇跟十香如意菜等涼菜；還覺得不夠時，再加熱一盆扣肉，滿滿一桌，色香味俱全。主食就是蒸一些現成的餑餑，保證不會手忙腳亂的，也讓做主人的有面子。所以這些可以預先做好，放在冰箱備用的菜，就成了必備的特殊年菜了，也是我家的家傳年菜。

這些特殊年菜的特色是：準備時比較花功夫、但久放不會壞、再加

熱不會變味道、上桌特別快，可以在過年前先準備的。舉例來說，「十香如意菜」是十種普通的素食食材炒在一起，下鍋前分別花上很長時間準備，摘的摘、切的切，一道菜十道工，炒合之後就有很豐富的香氣與口感。同時因為它有著太美的名字「如意」，所以大姊每年過年前總要花些時間準備這道年菜，祝福家人與吃到的朋友們，年年如意！

程顯灝

海蜇三絲

材料

海蜇皮300公克、萵苣菜心1支、胡蘿蔔⅓支、
蔥絲⅓杯

調味料

醬油1大匙、醋½大匙、糖1茶匙、鹽¼茶
匙、麻油1大匙

做法

1. 海蜇皮捲成筒狀，切成細絲，放入大盆中，用水多沖洗幾次，最後放入半盆水中浸泡，最好多換幾次水，泡至海蜇皮沒有鹹味。

2. 鍋中煮滾5杯水，關火，加入1杯冷水。放入海蜇快速汆燙3秒鐘。見海蜇捲起立即撈出，再泡入冷水中，泡至海蜇再漲開（約2～3小時），臨上桌前撈出，瀝乾水分，並以紙巾吸乾水分。

3. 萵苣菜心和胡蘿蔔分別削皮、切絲，以少許鹽抓拌，放置10分鐘，以冷開水沖洗，擠乾水分。

4. 取一隻碗，放入各種調味料，調勻後放入海蜇絲等3種絲料和蔥絲，拌勻即可裝盤。

Tips ✏

- 海蜇依產地不同所需浸泡的時間也不同，快的可能只需4～5小時即無鹹味。
- 海蜇汆燙過後也需泡入冰水中使其鬆開、更脆，約再泡1小時即可。發泡好後可連水放冰箱中保存。
- 海蜇等涼拌的材料，在拌之前一定要擦乾或吸乾水分，以免調味料被稀釋變淡，也不要太早拌好，它會出水。

油爆蝦

材料

泰國蝦或沙蝦450公克、蔥花1大匙

調味料

醬油2大匙、糖3大匙

做法

1. 將蝦的尾尖剪掉，頭鬚保留。

2. 鍋中燒熱2杯炸油，分2～3批將蝦放入，大火、熱油，炸至熟且脆，油倒出。

3. 利用鍋中餘油將蔥花爆香一下，淋下醬油和糖，小火炒煮至糖融化，倒下蝦子拌炒均勻，關火，裝盤。

五香燻魚

材料

草魚中段1公斤、蔥3支、薑2片、八角1顆

調味料

（1）醬油5大匙、酒1大匙
（2）醬油4大匙、糖5大匙、五香粉少許、水½杯
（3）麻油1大匙

做法

1. 草魚片開成兩半後，再打斜刀切片，放入大碗中。

2. 蔥2支和薑2片拍碎放大碗中，加入調味料（1）拌勻，醃20分鐘。

3. 魚片分2～3批放入熱油中炸至熟且成褐色，油不夠多時可把魚撈出，將油燒熱，再炸一次。

4. 在另外一個鍋中，先用1大匙油爆香蔥段和八角，倒入調味料（2）中的醬油、糖和水½杯，煮滾一下，關火，調入五香粉。

5. 將炸好的魚浸泡入醬油汁中, 泡 1～2分鐘後翻面再泡。在浸泡時即可炸第二批魚，魚炸好後，便可將汁中的魚取出，泡第二批。泡好的魚刷少許麻油，放旁邊待涼。

Tips 🖊

- 鯧魚沒有小刺，也是很好的選擇。只是過年時的鯧魚都是天價，和平價的草魚不可相比。
- 燻魚是一道適合涼吃的菜，因此很適合做為年菜。待魚涼後收在保鮮盒中，上桌前可切成小塊裝盤，以便夾取。建議提早 2 ～ 3 天準備，臨吃前 1 ～ 2 小時取出，以室溫回溫即可。

醉雞捲

材料

半土雞雞腿3支、鋁箔紙30公分長3張

調味料

魚露或蝦油6大匙、黃酒或紹興酒1杯

做法

1. 半土雞雞腿剔除大骨，將肉較厚的地方片薄一些。用3大匙魚露加水2大匙，醃泡1小時。

2. 醃泡好的雞腿捲成長條，用鋁箔紙捲好，兩端扭緊、放入有深度的盤中。再放入蒸鍋，以大火蒸1小時，取出放涼。

3. 趁還有餘溫時，打開鋁箔紙的一端，將蒸汁倒入一個深盤中，調入蒸雞汁（如果不夠，可以加冷開水1杯）和酒及魚露3大匙，待雞捲完全冷透，泡入酒中，最好是能泡上一夜。用保鮮膜密封，放入冰箱冷藏，2～3小時後便可食用。

4. 取出雞腿，切薄片排盤。

鮮蔬臘肉沙拉

▌材料

湖南臘肉1小塊、西生菜或蘿蔓生菜、小番茄數粒或大番茄1個切小塊、紅黃甜椒、小黃瓜、胡蘿蔔、任何一些喜愛的蔬菜均可

▌調味料

醬油1½大匙、法國帶籽芥末醬1茶匙、檸檬汁2茶匙、糖2茶匙、橄欖油1大匙

▌做法

1. 臘肉涮洗乾淨,放入電鍋中蒸20分鐘至熟,取出放涼,切薄片或寬條狀。

2. 做沙拉的蔬菜分別清洗,切寬條,再以保鮮膜封好,或蓋上乾淨的濕毛巾,放進冰箱冰30分鐘以上,或浸在冰水中增加其脆度。

3. 將所有調味料拌勻,做成沙拉醬汁。

4. 所有蔬菜放入大碗中,加醬汁拌勻,夾出裝盤,再鋪上臘肉片。

Tips 🖊 • 臘肉若太鹹,可先泡熱水 20 分鐘;或是在蒸的時候,泡在水中蒸,一次可蒸 2 ～ 3 餐的用量。

薑醋花枝片

▌材料

花枝1隻(約450公克)、小黃瓜2條、嫩薑1小塊、蔥花1大匙

▌調味料

(1) 糖2大匙、醋2大匙
(2) 鹽¼茶匙、白胡椒少許

▌做法

1. 花枝洗淨。取一只鍋,鍋中放6杯水,煮滾後放入花枝,改小火浸泡2分鐘。取出,泡入冰水中,泡至花枝涼透。

2. 黃瓜切薄片,用少許鹽抓拌,放置 10～15 分鐘,用冷開水沖洗後擠乾水分。拌入調味料(1)醃30分鐘,擠乾備用。

3. 嫩薑剁碎。

4. 花枝表面每隔0.3公分劃直刀紋,在3公分處切斷,再橫著打斜切片,全部切好。

5. 薑末和蔥花放碗中,加鹽和胡椒粉,沖下2大匙熱油,拌勻。倒入花枝中再拌勻。

6. 取一只盤子,以黃瓜片墊底,上面排上花枝片即可。

十香如意菜

┃材料

黃豆芽600公克、香菇5朵、水發木耳1杯、百頁1疊、榨菜絲½杯、醬瓜絲½杯、胡蘿蔔絲1杯、芹菜段2杯、筍絲1杯、糖醋醃薑絲1杯、小蘇打粉⅓茶匙

┃調味料

醬油少許,鹽、麻油各適量

┃做法

1. 黃豆芽摘去根部,洗淨、瀝乾;香菇泡軟切絲;水發木耳摘去蒂頭、洗淨,切成絲;百頁切粗條,放入熱蘇打水中泡軟,沖洗乾淨,擠乾。

2. 榨菜絲可用水沖洗一下以除去一些鹹味;冬天沒有好的嫩薑,所以薑切絲後泡水1～2分鐘,再擠乾以除去一些辣氣,或用醃泡的壽司嫩薑代替。

3. 在炒鍋中加熱3大匙油,放入黃豆芽慢慢煸炒到軟熟且透出豆香,盛出。

4. 另加油 2～3 大匙,放入香菇和筍絲炒香後,加入胡蘿蔔炒至軟,再依序加入榨菜、醬瓜、木耳、芹菜、百頁及薑絲,炒至熟透且均勻,最後再放回黃豆芽,適量加少許醬油、鹽調味,關火後滴下麻油,放涼後裝盒保存。

Tips 🖊
- 如意菜中依個人喜好尚可加入豆乾絲、金針菜、貢菜等不同素材,加入豆乾絲較易發酸。
- 可以提早 1 ～ 2 天製作,放保鮮盒中貯藏 5 ～ 6 天,夾取時要用乾淨的筷子。

素燒鵝

┃材料

新鮮豆包2塊、豆腐衣6張、筍絲、香菇絲、金菇段、胡蘿蔔絲各½杯、榨菜絲少許

┃調味料

醬油2大匙、糖2茶匙、麻油½大匙、泡香菇水⅔杯

┃做法

1. 先在小碗中將調味料混合調好。

2. 用2大匙油炒香香菇絲,再放入其他絲料炒勻,淋下約6大匙的調味料,炒煮至湯汁收乾,勾少許芡,盛出放涼。

3. 豆腐衣塗上一些調味料汁後,放上第二張,塗少許汁,再放上另一張豆腐衣。再將新鮮豆包打開成薄片,舖放在豆腐衣上,也塗一些調味汁。放上一半量的香菇絲料,摺疊成長方形即為素鵝,做好兩條,放在塗了油的蒸盤上。

4. 蒸鍋水燒滾,素鵝放入鍋中,中火蒸約10分鐘,取出放至涼。

5. 鍋中用2大匙油,以中火將素鵝表面煎成金黃色,斜切成寬條,擺盤上桌。

Tips 🖊
- 喜歡煙燻氣味的人,可在素鵝蒸過放涼後,用黃糖、麵粉和紅茶等燻料燻 8 ～ 10 分鐘,燻過的食物更耐存放。

紅燒烤麩

材料
烤麩10塊、香菇8朵、冬筍2支、豆腐乾6片、金針菜30支、胡蘿蔔1小支、毛豆仁½杯、蔥2支、薑2片

調味料
醬油5大匙、冰糖2大匙、麻油1大匙

做法
1. 烤麩撕成小塊，用熱油、大火炸硬，撈出。
2. 香菇泡軟，切除蒂頭，視大小分切成片；冬筍和豆腐乾分別切片；胡蘿蔔切小塊；金針菜泡軟，每兩支打成一個結。
3. 毛豆抓洗乾淨，去掉外層薄薄的白膜，用熱水燙30～40秒鐘，撈出沖涼。
4. 起油鍋，用3大匙油炒香蔥段、薑片和香菇、冬筍，加入醬油、冰糖、烤麩和水（蓋過烤麩）。大火煮滾後改成小火，煮約20分鐘。
5. 加入胡蘿蔔、豆腐乾和金針菜，再煮約8～10分鐘。最後放下燙過的毛豆仁，煮透後關火。滴下麻油略為拌和，盛出放涼。

Tips
- 紅燒烤麩是江浙一帶的年菜，取「靠福」的諧音，是適合冷吃的一道前菜。
- 烤麩在素料攤上可以買到，因為是麵筋製成品，容易發酸、發黏，買回家後可以冷凍或者先炸透再儲存。

糖醋蓮白捲

材料
高麗菜1顆、香菇3朵、綠豆芽300公克、芹菜6支、胡蘿蔔½支、花椒粒1大匙

調味料
（1）鹽¼茶匙、麻油1茶匙
（2）糖醋汁：糖4大匙、醋4大匙、醬油2大匙
（3）醬油1大匙、糖½茶匙、泡香菇水1杯、油1大匙、蔥1支

做法
1. 高麗菜在菜梗部分切4道刀口，放入滾水中燙煮後，剝下6片葉子。將硬梗子部分修薄一點，放入調勻的糖醋汁中泡30分鐘。
2. 綠豆芽和芹菜用滾水燙至脫生，撈出沖冷水，擠乾水分，加調味料（1）拌勻備用。胡蘿蔔切細絲用少許鹽醃一下，醃到出水後，沖洗一下，擠乾水分。
3. 香菇泡軟，用調味料（3）蒸10分鐘，待涼後切成細絲（素食者可以不加蔥去蒸）。
4. 用高麗菜葉包綠豆芽等材料，捲緊成筒狀，做成蓮白捲。
5. 鍋中用油爆香花椒粒，倒入糖醋汁煮滾，待涼後過濾、放下蓮白捲再泡1小時。
6. 上桌前切成約1吋長段，淋下糖醋汁。

Tips
- 蓮白捲做好後整條放入保鮮盒中保存，要吃時隨時取用，十分方便，一次可以多做幾條。

滷味大拼盤

▌材料
美國牛腱心2個、牛肚1個、豬肝1塊、豬肚1個、花枝1隻、雞腿2支、雞肫8個、雞蛋8個

▌滷湯
取花椒、八角、桂皮、丁香、三奈（沙薑）、小茴香、甘草、草果、陳皮、黑胡椒粒、白胡椒粒、月桂葉、荳蔻各適量，包入白布袋中做成五香包；或現成採購的五香包1個、蔥2支、薑2片、大蒜2～3粒、辣椒1支、醬油1杯、酒½杯、冰糖1大匙、鹽適量、高湯10杯

▌做法
1. 大鍋中加熱油3大匙，爆香拍裂的大蒜、蔥段和薑片，淋下酒和醬油炒煮一下，放入五香包和清湯，大火煮滾，改小火煮20分鐘，做成滷湯。

2. 要滷的葷材料分別清洗後燙水，取出後再沖洗一下。牛肚、豬肚等內臟類需要另用湯鍋先煮至8分爛，煮時水中要加酒、蔥段、薑片、八角2顆和白胡椒粒1茶匙。牛肚和豬肚分別要煮1.5～2小時，再放入滷湯中滷。

3. 雞蛋放冷水中，水中加少許鹽，煮成白煮蛋（約12分鐘），剝殼。

4. 滷味需要滷煮和浸泡，每種材料所需的時間不同，每個人喜愛的口感也有差，滷好後每次可選數種切片，擺入盤中上桌即可。

Tips
- 美國牛腱心需滷 1 小時、泡 4 ～ 6 小時；熟豬肚滷 40 分鐘、泡 2 小時。
- 豬肝滷 10 分鐘、泡 1 小時；全雞（約 3 斤重）滷 25 ～ 30 分鐘、泡 2 小時。
- 雞腿滷 20 分鐘、泡 1 小時；雞肫燙 3 分鐘、滷 20 分鐘、泡 1 小時。
- 白煮雞蛋滷 30 分鐘、再浸泡久一點使之入味。

5. 泡過的滷菜可放冰箱冷藏，上桌之前切盤，以室溫回溫或快速微波一下，淋上調好的滷汁（滷湯加麻油），撒上蔥花或香菜。

6. 另外也可以滷海帶、豆腐乾、素雞等素的材料，最好是取出部分滷湯分開滷，以免滷湯容易酸壞。

Tips
- 滷湯的味道決定了滷味的好吃與否，一般在滷過之後、將滷湯保留下來，下一次再滷時只要酌加八角、蔥、薑、辣椒、滷包和調味料即可。累積數次後，滷湯的味道就會更好。
- 滷味滷好後將湯汁過濾，留下一部分可以淋在滷味上，其餘的裝盒或裝袋冷凍即可。

琥珀雞凍 / 虎皮凍

▌材料

雞腿2支、雞翅2支、豬肉皮300公克、蔥3支、薑2片、八角1顆

▌調味料

醬油4大匙、酒1大匙、糖1茶匙、鹽½茶匙

琥珀雞凍

▌做法

1. 雞腿和雞翅剁成小塊,和豬皮分別燙過,清洗乾淨,豬皮上的肥油要用刀子片除乾淨,切成大片。
2. 雞肉、豬皮和蔥、薑、八角一起放入鍋中,加調味料和3杯水,煮滾後改小火,以慢火煮1小時。揀出雞肉排在模型盒內。將湯汁過濾到盒中,要蓋過雞肉,再撇去浮油,待冷後放入冰箱中,冷藏3小時。
3. 雞凍刮除表面的白色浮油,再用湯匙仔細挖成塊狀裝盤。

虎皮凍

▌做法

1. 從雞凍湯汁中取出豬皮,切成小粗條,再放回鍋中以中火煮8～10分鐘。
2. 將豬皮粗條放在另一個模型中,注入湯汁,冷藏至凝固,切片排盤。附大蒜醬油汁沾食。

Tips
• 要讓雞汁透明似琥珀色,煮的時候火一定要小,湯汁似滾非滾的,才不會混濁不清。但是後來再煮豬皮時,因為要煮出膠質,所以火要大一點,煮出來的凍才有 QQ 的口感。兩種凍雖然是出自同一鍋,但雞凍是入口即化,兩者口感是迥然不同的。

走油扣肉

▌材料

豬五花肉一長塊，約1公斤、青菜（豆苗或菠菜、青江菜心）300公克、蔥段4支、薑片2片、八角1顆

▌調味料

醬油5大匙、糖2茶匙、酒1大匙、鹽¼茶匙、太白粉2茶匙、麻油½茶匙

▌做法

1. 購買瘦肉較多而皮薄之五花肉一塊，約6～7公分寬，洗淨，放入鍋中，加清水（要能淹過肉塊），用大火煮熟（約30分鐘），撈出。

2. 待稍涼時拭乾表皮的水分，再浸泡在醬油內上色（約20分鐘），投入已燒熱之油中炸黃（約2分鐘，需用鍋蓋先蓋一下，以免油爆到身上）。炸好後撈出，馬上泡在冷水中（皮面向下）約30分鐘，見皮起了皺紋與水泡、同時回軟為止。

3. 將五花肉切成大薄片，全部排列在中型蒸碗中，然後放上糖、酒、蔥段、薑片、八角及泡肉之醬油，放入蒸鍋內，用大火蒸1個半小時以上，至肉軟爛為止。

4. 把肉端出，先將碗中之湯汁慢慢地倒入炒鍋中煮滾，並用太白粉水勾薄芡，滴下少許麻油。碗中的肉倒扣在盤中，澆上芡汁。

5. 青菜用油炒熟，加鹽調味，盛在盤中圍邊。

Tips

- 扣肉做好放涼後，一碗一碗的收在冰箱中，客人來時加熱即可上桌。過年前媽媽準備年菜時，總是會做上6～7碗扣肉，放在冰箱中冷藏。上桌前回蒸加熱，配上自己做的餑餑，切片蒸熱，夾著扣肉，一口咬下去，肉香混著油香，太過癮了！
- 購買五花肉時，通常是要買6～7公分寬的一整條，買回後自己切成兩塊或三塊來做。

麻辣牛腱

許多滷的菜都可以再變化成其他的菜式，例如滷豬肚、滷牛肚、滷雞腿、滷大腸、豬耳朵，都可以或拌、或炒、或燒的以另一種姿態、味道上桌。喜歡的讀者可以參考我的《第一時間快速上桌—滷菜》一書。

「滷牛腱」是我覺得非常好用的一種滷味，可以一次滷上5～6個冷藏或冷凍起來，可以切片炒冬季盛產的青蒜、大蔥、香菜或洋蔥，切條炒芹菜、蒜苔或是做個牛肉捲餅，可以算是個簡便的一餐。台灣牛腱較大，一個牛腱有5條腱子連在一起，只買筋多的老鼠腱就比較貴；因此我建議要滷的話，因為肉的香氣會被五香味蓋住，所以買筋多又便宜的美國牛腱心就可以了。選用台灣牛腱的話就要滷久一點，通常需要2.5～3小時。

▌材料
滷牛腱1個、素雞1條、黃瓜2條、大蒜4粒、蔥
2支、薑2片、香菜段1杯、紅油1大匙

▌調味料
滷湯或醬油3大匙、糖1大匙、醋1大匙、花椒粉
1茶匙

▌做法
1. 滷牛腱切片；素雞切成約0.5公分片。黃瓜切片，用少許鹽醃一下，沖一下冷水，擠乾水分，排至盤中墊底。
2. 小碗中放拍碎的蔥、薑和大蒜，淋下燒熱的4大匙油，再加入調味料攪勻，用湯杓壓擠一下，放置約30分鐘，過濾出來，做成麻辣汁。
3. 牛腱和素雞分別在熱水中汆燙一下，排在黃瓜上。淋上過濾的麻辣汁，擺上香菜段即可。

三鮮春捲

我婆家是上海人，過年準備這道形似「金條」的三鮮春捲，都是要做上一百條、兩百條。客人來拜年時就炸個幾條金條，再配上熱熱的福圓紅棗茶待客，非常討喜。

做好要冷凍保存時，一定要先將春捲平排在盤子上，放入冷凍室中冷凍1～2小時，使外表定型後，再重疊鋪排到保鮮袋中冷凍起來；如果軟的時候就直接堆疊，會使春捲變形分不開。

春捲的餡料有許多不同的搭配，另一種用韭黃、筍絲、肉絲及香菇絲炒合後包起來的，也是我婆婆常做的。這種大白菜（上海人稱為黃芽白）的內餡，因為勾了芡，在炸的時候會軟化成汁，好似爆漿一樣，非常燙，但十分好吃，過年時不妨在家試做看看。

材料

蝦仁200公克、肉絲150公克、香菇6朵、大白菜1公斤、筍絲半杯、蔥2支、春捲皮600公克、麵粉糊2大匙

調味料

（1）醬油半大匙、太白粉1茶匙、水1大匙
（2）鹽、太白粉各少許
（3）醬油2大匙、鹽適量、太白粉水適量

做法

1. 肉絲用調味料（1）拌醃10分鐘。蝦仁用調味料（2）醃10分鐘。香菇泡軟切絲。白菜切絲。
2. 肉絲和蝦仁分別過油炒熟，盛出。用3大匙油爆香香菇絲、筍絲和蔥花，放下白菜絲炒軟，煮至白菜已軟，用醬油、鹽調味，放入肉絲、蝦仁拌勻，用太白粉水勾成濃芡後盛出放涼。
3. 春捲皮光滑面朝下，上面放約2大匙的餡料，包成長筒形，塗少許麵粉糊黏住封口。
4. 油燒至7分熱，投入春捲炸至金黃色，撈出，將油瀝乾，裝盤。

第一章 特殊年菜

31

北方拌海蜇

　　海蜇有許多吃法，上海人多半做蔥油拌海蜇，加入白蘿蔔絲（先調上醬油，使蘿蔔絲和海蜇顏色相似）上面放上蔥絲，再淋上熱油，激發出蔥的香氣。北方人除了這種涼拌大白菜之外，還會用它來炒蜇皮雞絲，所以媽媽年前都會發泡好一盆海蜇，隨時取用。發好的海蜇泡水，不放冰箱也可以放一個星期，但要記得1～2天就要一次換水。

　　除了海蜇皮之外，還有拌海蜇頭。海蜇頭較脆，但因為形狀是不規則的，比較難切成漂亮的片狀，它的價格比海蜇皮便宜，但因為形狀是塊狀，較鹹，要泡水泡久一點。

▌材料

海蜇皮150公克、蝦米2大匙、大白菜葉5片、胡蘿蔔絲½杯、蔥絲2大匙、香菜段½杯

▌調味料

醬油3大匙、醋2大匙、麻油1大匙、大蒜泥1大匙

▌做法

1. 海蜇整張沖洗一下，捲起海蜇、切成絲後放在水中多次沖洗，再泡入水中約6～8小時。用8分熱的水燙3～5秒，撈出再泡冷水至發脹開來。用冷開水沖洗，盡量瀝乾水分。

2. 大白菜取用梗部，直切成細絲，洗淨，瀝乾水分後再擦乾一些；蝦米泡軟，摘去頭腳。

3. 海蜇、大白菜、蝦米、胡蘿蔔絲和蔥絲全部放入大碗中（香菜除外），淋下調味料，攪拌均勻，放置15分鐘。

4. 食用時拌上香菜段再裝盤。

煎烏魚子 / 烏魚子炒飯

　　秋風吹起，烏魚潮經過台灣，從雌性烏魚身上採下的卵，經過清洗、去血、鹽漬、脫鹽、壓平整形及日曬乾燥等層層手續後，就成為許多人喜愛的烏魚子，許多場合都可以看到它的蹤跡。

　　一般人吃烏魚子都是稍加炙烤後切片，配上白蘿蔔及冬天盛產的青蒜片夾著吃；但是我家吃法是切片後用油煎成脆脆香香的，小口小口嚼著吃，越嚼越香。爸爸看武俠小說或是看電視時，常常煎一片來吃，我們姊弟也可以湊著分到2、3小片。現在烏魚子價格不算太昂貴，也常有人拜年時把它當伴手禮送來，但品嘗感受到的滋味卻不如記憶中從爸爸手上遞過來的那2～3小片來的香。

　　我從小就喜歡烏魚子的香氣，它的保存期限很長，在零下18℃的環境下冷凍存放，可以保存一年；保存期間表面若見白色粉狀，那是鹽的結晶，可以用少許酒擦去。許多人對烏魚子需不需要撕去薄膜有疑問，其實烏魚子要用酒將表面浸濕，再撕去薄膜，放入平底鍋、烤箱或微波爐烤至表面稍凸起小泡即可。現在欣葉台菜餐廳有烤好真空包裝的烏魚子出售，非常方便，只要切片後搭配切薄片的白蘿蔔（也有人用水梨或蘋果代替）和斜切薄片的青蒜夾著吃，可減低烏魚子的鹹度及增加濕潤的口感。

烏魚子炒飯

▌材料
烤烏魚子60公克、蛋1顆、洋蔥丁2大匙、豌豆仁2大匙、蒜頭末1茶匙、白飯2碗

▌調味料
淡色醬油1大匙，鹽、白胡椒粉各少許

▌做法
1. 烤烏魚子切成小粒。
2. 將1大匙油入鍋加熱，倒入蛋液，待蛋稍微凝固後再炒開。
3. 加入洋蔥末及蒜末，用大火拌炒。
4. 加入白飯，再加入淡色醬油、鹽、胡椒粉，不時以鍋鏟將結塊的炒飯壓散。
5. 翻動炒鍋使材料均勻拌炒後，加入豌豆仁和烏魚子，再炒勻後即可盛盤。

午夜吃的餃子

　　除夕午夜時吃的餃子，是小孩子們的最愛，倒不是因為包的餡特別好吃，而是因為裡面包了可以換錢的寶，一般是四種：錢、糖、糕、棗；分別代表了新的一年，吃到寶的人會有好財運、甜甜蜜蜜、步步高升跟早生貴子。雖然都代表了吉祥事兒，但小孩子哪管那麼多，愛的原因只是因為吃到一個寶可以跟大家長（爸爸或爺爺）換 100 或 200 元的紅包。

　　所以在午夜放過鞭炮後，一家人立馬圍著飯桌，等著媽媽把三、四盤水餃端上桌。這時大家無不睜大眼睛，預先觀察分析那個餃子裡可能包著寶。等媽媽也上桌坐好，一聲「開動」，就迅速夾起自認會有寶的水餃，放在自己的盤子裡，狼吞虎嚥的吃著。有時我也會貪心，多拿幾個預先觀察好的餃子放在盤裡，還要解釋說是太燙了，要放著涼一涼；在此同時，還要保持風度，說說笑笑得跟家人品頭論足盤中剩餘的元寶，猜猜還有那個可能會有什麼樣的寶。

　　說到這裡，就真的不得不佩服媽媽的好手藝了。無論裡面包了錢，還是紅棗，她都能讓每個餃子長的都一樣，越是看起來異常的，就偏偏只是餡放多了些，選到的人無不驚呼上當。這時，媽媽的嘴角也會露出些許的微笑，想必是說：「我包的餃子，那就這麼容易露餡啊？」

　　越到盤中所剩無幾，大家開始清算自己的收穫時，越是現實。因為大家都已經吃得太飽，又有不許剩下的規矩，所以每次下筷子時，就不得不更加小心。等一聽到 24 個寶（每種包 6 個）都出來了，大家就會同時放下筷子，搶著跟爸爸報上自己吃到什麼寶，一共是幾個，接著歡喜地從爸爸手中，接下額外的紅包。此時偏愛女兒的爸爸，總會看哪個姐姐吃到的寶少了，就會額外發個安慰獎。

　　記得最有意思的一次，明明媽媽說包了 24 個寶，但最後怎麼算都只有 22 個。算來算去，眼看盤中的餃子都吃完了，還少兩個，媽媽為了維持信譽就說：「不會是在先拿去供桌給爺爺的 6 個餃子裡有 2 個吧？」結果第二天收供品時，還真的吃出那兩個頑皮的寶來，媽媽的名聲也算是保住了！

　　過年吃帶寶的餃子，真不知道是怎麼留下來的習俗，但肯定是最受小孩子歡迎的遊戲。包括大姊婚後，每年在夫家吃完年夜飯，都會帶著姊夫與兩個小孩回娘家來跟我們團圓，趕這場尋寶盛會，那麼多年的歡樂場景，在我們姊弟和下一代的心中，留下對「過年」最美好的回憶。

程顯灝

豬肉白菜餃子

對餃子，我印象最深刻的是結婚後，有一次跟婆婆在廚房裡煮餃子，我等水開了就往鍋子裡放餃子，放了一半了，婆婆說：「妳怎麼不拿鏟子推餃子呀？不然會黏住的呀！」我從小就在奶奶的教導下，會擀皮、會包餃子，包完就下桌了；不是傭人煮，就是奶奶煮，哪裡輪得到我呀！結果我這個北方媳婦、還是上海婆婆教的煮餃子!

其實最難煮的餃子是冷凍餃子，自從做了台糖水餃的代言人，我看過不少人PO出煮餃子的小撇步。其實冷凍水餃在水開了、水餃下鍋後，要保持中小火煮，煮到一滾就立刻要加冷水，不能讓水大滾，大滾之下、餃子皮撐大了就會破，灌了水的餃子餡就淡而無味了。看似簡單的煮餃子，其實是有很大學問的！

材料

豬絞肉（可選擇肥肉約占15～20％的前腿絞肉）600公克、大白菜1.2公斤、蝦米50公克、蔥2支、麵粉4杯、冷水約2杯（或水餃皮1.2公斤）。

調味料

鹽½茶匙、蔥薑水或水½杯、醬油2大匙、麻油1大匙、烹調用油2大匙

做法

1. 豬絞肉置於砧板上，再略剁一下，使肉有黏性，然後移入一個盆中，加入蔥薑水或水（分3次加入），順同一方向攪拌肉料，約2～3分鐘，使肉更有彈性。

2. 依肉的吸水度，可以再多加2～3大匙的水，加入其他的調味料，再順同一方向攪拌均勻，將肉料摔打一下，使之更有彈性，放入冰箱中冰1小時以上。

3. 大白菜切成小丁，放入大盆中，撒下約2茶匙左右的鹽，抓拌一下，放置15～20分鐘左右，待白菜變軟、出水，用力擠乾水分。

4. 蝦米泡軟，摘去頭、腳等硬殼，剁成細小顆粒；蔥切成細蔥花。

5. 自冰箱中取出調味好的豬絞肉，加入大白菜、蝦米、蔥花，再拌上兩種油，調拌均勻即成餃子餡。

6. 冷水和麵粉揉成冷水麵，揉成糰後醒20～30分鐘。將麵糰分成小劑子，擀成餃子皮，包入餡料捏成餃子形狀，全部包好。

7. 大鍋中煮滾水，放入餃子，邊放邊用鍋鏟推動水，以免餃子黏在鍋底。水再滾了，加1杯冷水，再滾、再加，即為俗稱的三開兩點，第三次開了即可撈出。

第二章

積酸菜與
酸菜火鍋

冷冽寒冬中，來一鍋熱呼呼的湯最好。看著鍋內一波波沸騰著的湯頭，暖暖在心頭，看著、嘗著，身體都暖和起來了。

積酸菜與酸菜火鍋

酸菜火鍋是我們家過年最重要的一道菜，不但是因為天冷，一個熱騰騰的火鍋，可以禦寒；更重要的是酸白菜不但美味，而且解油膩。過年吃太多美食，多吃些酸白菜，頓時感覺輕鬆很多。

積酸菜（在我們家發音是積酸菜，和一般說的漬酸菜不一樣），在年菜的準備工作中，是需要提前準備、同時要有些運氣的。提前準備是因為一缸酸菜，從處理到發酵完成，需要三個星期以上；需要運氣，是因為發酵過程，需要較冷的氣候，溫度太高酸白菜就會爛爛的不脆、不酸、不好吃。

所以能吃到很夠味的酸菜，是很不容易的。但有了一缸的好酸菜，不但有很棒的酸白菜火鍋可以吃，菜餚不足時，拿來炒盤羊肉、牛肉或五花肉，都會是非常下飯的美食。我最喜歡吃的是酸菜炒羊肉，不過大部分的人都喜歡炒五花肉，也許是白菜的酸味降低了肥肉部分的膩，只剩下肉的香吧！

小時候每年初三，爸媽的親戚和朋友，總有三、四十人到我們家吃飯拜年，吃完主菜之後，一鍋可以不斷加菜、加湯的酸菜火鍋，永遠是最好的結束，也永遠不怕客人會吃不飽。

　　直到現在，大姊每年還維持著積酸菜的傳統，一次總要積個一百四、五十斤。小時候有院子，空間較大，可以用 2、3 個好大的水缸來積；現在住公寓，只能用較小的水缸，積個大小兩缸，年前積好了，分給親朋好友打打牙祭，也算是跟大家拜個年，禮輕人情重，可都是自己動手做的。

程顯灝

東北酸白菜

材料

山東白菜20斤

調味料

鹽約1～2大匙

做法

1. 選用山東白菜，將外層受損的老葉摘除，對剖成兩半。

2. 準備一個大缸或大桶子或玻璃缸，洗淨、擦乾，撒上少許鹽（粗鹽較好）。

3. 鍋中煮滾一鍋開水，放下白菜，每面燙約10～15秒鐘，撈出，瀝乾水分，放入大缸或大桶中，將白菜交錯放好，放幾層後再撒少許鹽，全部放好。

4. 待白菜冷透後，壓上重石頭或其他重物，再注入冷開水，水要蓋過白菜。

5. 蓋上蓋子或用塑膠布蓋好、綁好。放置約3星期（21天）即可打開查看是否夠酸。

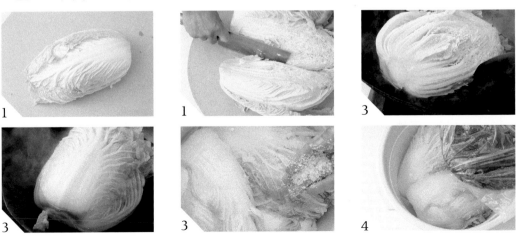

酸白菜炒肉絲

　　記憶中最深刻的一次吃酸白菜是在日本，那時爸媽曾短暫旅居日本，我去探望他們時，媽媽正好積了幾顆酸白菜。有一天媽媽買了上好的牛肉，為爸爸包了一頓酸白菜牛肉包子，日本牛肉很貴，但是和酸白菜真是絕配！都幾十年過去了，還令我念念不忘。

▎材料

酸白菜450公克、肉絲80公克、蔥2支、
紅辣椒1支

▎調味料

（1）醬油1茶匙、水1大匙、太白粉½匙
（2）醬油1大匙、鹽適量、½杯清湯或水

▎做法

1. 酸白菜快速洗一下，逆絲切成細絲（較厚的地方可以先橫片一刀，再切細絲），將水分擠乾，水要留用。

2. 肉絲用調味料（1）拌勻，醃10分鐘；蔥切成蔥花；紅椒去籽切細條。

3. 鍋中燒熱油3大匙，放入肉絲炒熟盛出。加入蔥花炒香，接著放入酸白菜絲同炒，大火炒數下後，加入醬油再炒一下，加入清湯（或水）和擠出的酸菜汁，煮5分鐘使味道融合。放回肉絲，並可加少許鹽調味，並依喜好撒下蔥花、香菜或加一些紅辣椒絲拌合，裝盤，作為一道菜上桌。

北方酸菜白肉火鍋

▌材料

酸白菜900公克、五花肉1塊、絞肉300公克、蛤蜊10個、金針菜30支、凍豆腐1塊、蝦米2大匙、乾木耳適量、寬粉條或粉絲2把、蔥花2大匙、香菜適量

▌煮肉料

蔥2支、薑1片、八角1顆、酒1大匙

▌調味料

醬油1大匙、鹽適量

▌做法

1. 五花肉整塊洗淨，放入4杯滾水中，加煮肉料煮30～40分鐘後取出，放涼後才能切成薄片，煮肉湯留做高湯用。

2. 酸白菜用水快速沖洗一下，擠乾，切成細絲。

3. 金針菜泡軟，摘去蒂頭；蝦米、木耳和粉絲分別泡軟，蝦米、木耳摘好；凍豆腐切厚片。

4. 炒鍋中加熱3大匙油，放入蔥花爆香，再放入酸菜絲略炒，加入醬油再炒一下，將酸白菜放入火鍋中墊底。

5. 酸白菜上排入各種材料（粉絲除外），注入煮肉湯，如果湯不夠，再加入水。撒少許鹽，蓋上火鍋鍋蓋，將燒紅的木炭放入火鍋中，燉煮10～15分鐘。

6. 放下粉絲，嘗嘗味道，再酌量加鹽便可上桌。

 Tips
- 這幾年來最想跳出來聲明的一個食材就是——川丸子，不知道由誰起頭，在火鍋店中要想叫一份炸丸子，他非得說是川丸子！川丸子的「川」，古法寫得非常明確是「汆」，熱水中煮出來的是「汆」丸子，油中炸出來的是「炸」丸子。酸白菜吃油，所以先炒一下會更香，同時加炸丸子和五花肉都是要滋潤它，使它更好吃。
- 我們家過年酸菜火鍋是加熟料的，不是吃涮涮鍋，把所有食材放下去一燉煮就更美味加分了。

 炸丸子做法

▌材料
絞肉300公克

▌拌肉料
鹽¼茶匙、水2～3大匙、醬油½大匙、麻油½大匙、蔥末2大匙、太白粉½大匙

▌做法
絞肉加入拌肉料攪勻，投入熱油中炸成丸子，炸熟、撈出。

清燉佛跳牆

　　近幾年來教學，每到過年前，總有學生要求我教他們佛跳牆；而我總說，我提供你們食譜，照著做就會了。這是因為這道菜不難，只是材料種類很多，每種用量卻不大，要很有耐心的去準備，因此最好約兩三位好友一起做上5～6甕。如果只做一甕，就划不來了。佛跳牆近十幾年來，一直是過年的一個重點話題，有了它，年菜餐桌上才顯得更豐富。

　　我比較喜歡清燉的，湯清、味鮮，其中我放了較特別的就是婆婆教我發的魚肚。魚肚就是魚鰾，廣東人以水發，稱之為「花膠」；上海人則像發豬蹄筋一樣，用油來發泡，成為有孔洞、非常類似炸豬皮的口感，把它放在佛跳牆中吸收湯汁，非常好吃。

▎材料
鮑魚、海參、魚肚、干貝、豬肚、豬腳、蹄筋、花菇、白果、筍子、栗子、高湯隨意任選

▎調味料
鹽適量

▎做法
1. 海參挑硬一點的、打斜刀切大片，小的就整條不切；魚肚以油發、炸至泡起，泡水2天回軟，切成塊；干貝泡水2小時，整顆使用。

2. 豬肚燙過後，加蔥、薑、酒和八角一起煮30分鐘，取出待涼後切寬條；香菇泡軟，切片；筍切塊；栗子去薄衣；豬腳剁小塊，用水燙過，加蔥、薑、酒、醬油和水先煮1小時；蹄筋用熱水汆燙一下。

3. 全部材料排入甕中，價格低者如筍子、栗子與豬腳等放在下層，依序排好，高湯加鹽調味後淋入甕中，封好甕口，上鍋蒸或燉2至2.5小時，上桌揭開甕即可。

豐盛家常佛跳牆

「佛跳牆」原是福州佳餚，興起於清朝同光年間，初名「罈燒八寶」，後易名「福壽全」。在一次筵席中，文人雅士們題詩嘆詠：「罈起葷香飄四鄰，佛聞棄禪跳牆來」，所以有了「佛跳牆」的稱呼。這道菜至今在年菜中占有的地位已是屹立不搖，也成了許多家庭除夕圍爐時的餐桌要角。

本篇是陳盈舟老師提供的一道較家常、偏台式口味的簡易佛跳牆，台式佛跳牆口味上呈現出加了焗蔥、炸蒜與紅蔥的香氣，其中芋頭為台式獨有的食材；港式佛跳牆的靈魂則是以老母雞、金華火腿等熬製2天的上湯，食材不經油炸且不加蔥蒜，講求原味。

近年來流行年夜飯吃佛跳牆，佛跳牆可豐可儉，從大賣場599元到餐廳中上萬元的，都有的供應。 我比較喜歡「老協珍」的佛跳牆，它也是台式口味的代表。老協珍是迪化街供應南北貨的80年老店，從媽媽教做菜起，就是到他家買鮑魚、海參及燕窩等乾貨來用，所以他們做出來的佛跳牆用料非常貨真價實。

▍材料
小排骨300公克剁小塊；熟豬肚片12片、鵪鶉蛋12個、水發魚皮絲300公克、栗子12粒、炸芋頭塊12塊、熟筍片半杯、紅棗6粒、蔥段適量、炸蒜頭6粒、扁魚乾2片

▍醃小排骨料
蒜末1茶匙、五香粉½茶匙、醬油1大匙、白胡椒粉½茶匙、糖½茶匙、鹽少許、地瓜粉3大匙

▍調味料
酒1大匙、淡色醬油1大匙、鹽適量、高湯5杯

▍做法
1. 將小排骨加入醃小排骨料拌勻，醃1小時後加入地瓜粉拌勻，放入7～8分熱的油中，炸至有硬度（要炸得夠透、夠乾才耐燉），就成了排骨酥。
2. 魚皮加蔥、薑及3杯水煮3分鐘，撈出魚皮。
3. 用2大匙油煎香扁魚乾，夾出備用。
4. 另用1大匙油爆香蔥段，淋下酒和醬油，並倒下高湯，加鹽調味，煮滾。
5. 準備一個燉盅或甕，先放入筍片、芋頭塊、栗子、豬肚、鵪鶉蛋（沾滾醬油後，也炸過）、扁魚乾、魚皮絲、排骨酥、炸蒜頭和紅棗，最後倒入高湯，放入電鍋蒸1小時即可完成。

（陳盈舟老師示範）

一品鍋

　　一品鍋是我家請客時的首選湯品，成本價大約要新台幣1000元，但還是比到餐廳吃要經濟實惠多了。它沒有甚麼太難的技巧，套句蘇東坡的話就是「時候到時它自美」。三種肉香融合在一鍋湯裡，能不好喝嗎?

　　我弟弟是肉食擁護者，尤其愛吃「好吃」的火腿。火腿一般是吊湯的味道，吃它的肉時已經近似雞肋了。但是為了滿足弟弟的喜好，我把火腿先整塊煮，大約2個小時後才撈出，再切塊;這時火腿的肉香仍在，然後再放回湯中煮10分鐘，讓肉中的鹹味再淡一點，這樣就有「好吃」的火腿了。

　　當然，火腿的採買非常重要，千萬不能有一絲的油耗味。有空時，我會親自到南門市場挑個3、4塊回家，冷凍著備用，南門市場兩大火腿行都可以挑到好吃的火腿。

▌材料

土雞或半土雞1隻、小蹄膀1個、金華火腿1塊、干貝2粒、竹笙8支、大白菜1公斤、蔥3支、薑1片

▌調味料

酒2大匙、鹽適量

▌做法

1. 火腿、土雞和蹄膀都用熱水燙2～3分鐘，取出沖洗乾淨。火腿可以整塊來燉，或是切成兩大塊。

2. 竹笙泡水發開，泡軟後用水多沖洗幾次，直到水很清、沒有酸味，切掉兩頭，再切成段。

3. 大白菜洗淨、切長段，用熱水燙一下至軟;干貝沖洗一下。

4. 大砂鍋中煮滾10杯水，鍋底墊上2片白菜葉，再將火腿和蹄膀先放入鍋中，再放入蔥段、薑片和干貝，淋下酒，蓋好蓋子，以大火煮開，改小火燉煮30分鐘。

5. 放入雞，再燉煮2小時至2個半小時。2小時的時候，取出火腿，切成長條塊。

6. 大白菜放入砂鍋中，再燉10分鐘。加入竹笙和火腿塊，續煮10分鐘。嘗味道之後酌量加鹽調味。

Tips ✐ • 要注意干貝是提個鮮味，千萬不能多放，以免搶了肉的香氣與滋味。

金銀海鮮鍋

　　相較於愛吃肉的弟弟，我先生最愛的就是這道以海鮮為主的「金銀鍋」了。上海人稱蛋餃是金元寶，圓圓的蛤蜊則是銀元寶了。自己做的蛋餃和市售的機器蛋餃有天壤之別。自己做的蛋餃，把蛋皮外層煎得有些焦痕，增加蛋的香氣；而其中的肉餡、因為新鮮又調了味，咬入口中還會爆汁呢！

　　除了金、銀元寶之外，砂鍋裡面要放甚麼都可以。秋天是蟹的季節，一兩隻飽滿的螃蟹也是增鮮的好幫手。喜歡菇類，加些杏鮑菇、美白菇、金針菇、鮮香菇都可貢獻豐富的膳食纖維，健康更加分啦！

▌材料

蛋餃6個、蛤蜊12粒、蝦子10支、蟹腿肉½盒、蹄筋6支、竹笙5支、大白菜1公斤、清湯5杯、蔥1支、粉絲1把、香菜1撮

▌調味料

鹽1茶匙、胡椒粉少許

▌做法

1. 蟹腿肉解凍後拌上少許鹽和太白粉；蛤蜊泡在薄鹽水中吐沙1～2小時；白菜切段。
2. 竹笙泡漲開、用水多次清洗，至顏色潔白、聞起來沒有酸味，切成段；粉絲泡軟、剪短。
3. 鍋中放冷水5杯，把蹄筋放水中，加蔥、薑和酒，開火燙煮至軟，撈出、切成兩段。
4. 砂鍋中放白菜、清湯和蔥段，煮滾後改小火煮5分鐘，待白菜已軟，關火，擺上蹄筋、蛋餃和竹笙，加入調味料，再開火煮滾，改小火煮5分鐘。
5. 最後再放入粉絲、蛤蜊、蝦子和蟹腿肉，煮至蛤蜊開口、蝦子已熟，撒下香菜即可。

 自製蛋餃

▌材料

絞肉150公克、蔥末1大匙、蛋5個、太白粉水1大匙

▌調味料

鹽¼茶匙、水2～3大匙、醬油½大匙、麻油½大匙、蔥末2大匙、太白粉½大匙

▌做法

1. 絞肉再剁過後加蔥末和調味料拌勻。蛋打散，加入太白粉水（1小匙太白粉加1大匙水先調溶化後加入）。
2. 炒鍋燒熱，改成小火。在鍋中塗少許油，放入1大匙蛋汁，用湯匙劃動蛋液使蛋汁成為橢圓形，在蛋汁未凝固前，放上½大匙的肉餡，並將蛋皮覆蓋過來，稍微壓住，使蛋皮周圍密合成半圓形，略煎10秒鐘，翻面再煎10秒鐘。
3. 全部做好後放在盤子上，上鍋以中火蒸6～8分鐘至熟即可，放涼後冷凍保存，要用時不用解凍、直接煮食。

瑤柱五味砂鍋

　　這是欣葉台菜餐廳的招牌年菜，用料豐富，香氣十足，因此我特別邀請董事長李阿姨把這道砂鍋菜的食譜拿出來和讀者朋友分享。和做佛跳牆一樣，做一鍋要準備這麼多食材比較麻煩，可以一次多準備2～3份材料，就可以分贈好友。同時多準備些高湯，在桌上放個小瓦斯爐，邊吃邊加湯、料，一邊聊著天，更有過年的氣氛！

材料

（A）日本干貝10粒、香菇絲50公克、海參350公克、魷魚條100公克、泡發魚皮條200公克

（B）排骨350公克、熟豬肚片250公克、放山雞肉塊350公克、芋頭塊600公克、桂竹筍絲300公克

調味料

淡色醬油調色、鹽適量調味、白胡椒粉少許、糖少許

做法

1. 把蔥段和大蒜頭先用油爆香，煎到稍呈焦黃即可。

2. 材料（A）的5種食材泡水1小時。

3. 把各種需要切塊的材料切成入口大小。排骨、雞肉醃製30分鐘（用鹽、胡椒粉調味）。

4. 熱油鍋，將香菇、排骨、豬肚、魷魚、雞肉、芋頭炸至酥脆。

5. 把材料中的桂竹筍、芋頭、雞肉、排骨、魷魚，依序排入砂鍋中。

6. 最上層鋪上干貝、香菇、海參、魚皮、豬肚後加入高湯。將蔥燒料鋪於最上層後，放入蒸籠，大火蒸90分鐘。

7. 撈除蔥、蒜即可上桌，邊加熱邊食用。

砂鍋魚頭

過年都是要求全魚、全雞才能上桌，但是這道菜因為有一個吉祥喜慶的好名字才得以上桌，那就是「獨占鰲頭」，尤其家中有要考試的孩子，莫不希望討個好彩頭。

我難得請美食界的朋友吃飯，大概是10年前吧？我請了十幾位美食界的朋友，記得那次請的都是同屬雙魚座或是雙魚的配偶們來吃飯，那天就做了這道我自己愛吃的砂鍋魚頭。沒想到在美食評論界輩分很高、年紀卻沒我大的胡天蘭開口誇說，這是她吃過最好吃的砂鍋魚頭，在往後的日子裡，她也跟旁人提到最好吃的魚頭在安琪老師家。雖然高興，但是從那次邀約之後，我每做這道菜時、都特別謹慎，深怕壞了天蘭的口碑。

材料
鰱魚頭1個、五花肉120公克、花菇6朵、冬筍2支、豆腐1塊、白菜600公克、乾粉皮1把、蔥2支、薑2片、紅辣椒1支、青蒜½支

調味料
酒2大匙、醬油6大匙、鹽1茶匙、胡椒粉¼茶匙

做法
1. 鰱魚頭先用醬油和酒泡10分鐘。五花肉、泡軟的花菇和筍分別切好。
2. 白菜切寬條，用熱水燙一下；豆腐切厚片；粉皮泡軟，剪短一點；青蒜切絲。
3. 用5大匙熱油將魚頭煎黃，先放入砂鍋中。再把蔥、薑放入鍋中爆香，接著放入五花肉、花菇和筍子等炒至香氣透出。
4. 淋下剩餘的醬油、加入辣椒（需要在辣椒上劃一道刀口）和調味料，注入8杯水，大火煮滾後一起倒入砂鍋中，改以小火燉煮1小時。
5. 放下白菜和豆腐再燉煮約15分鐘，煮至白菜夠軟。
6. 最後放下粉皮，煮至粉皮變軟、透明。適量調味後，撒下青蒜絲即可上桌。

Tips
- 我用的粉皮是乾的去泡軟的，十幾年來我用粉絲、小寬粉或粉皮都是王天實老闆的中農粉絲生產的，上網可以查的到。中農的粉皮非常 Q 滑，和砂鍋魚頭最速配。乾粉皮經濟又好用，要吃時泡軟即可。如果買新鮮的，常有人問我該買白的還是綠的？因為很多人認為粉皮是綠豆澱粉做的，所以該是綠色的。其實綠豆澱粉是白色的，綠色粉皮才是有添加物的。

清燉牛肉湯

　　我家的清燉牛肉湯是真材實料，一定用台灣的黃牛肉，最少1斤半到2斤、有筋又帶油花的肋條肉，再加上用了牛大骨熬製高湯，非常濃香夠味。加上牛肋條一定是整塊去煮，香氣都可以保留在肉中，沒有散到湯裡，因此肉吃起來特別香。同時我把蘿蔔先燙煮10分鐘脫去生味，才不會影響湯的鮮味。

　　冬天的蘿蔔甜，可以燙煮7～8分鐘就撈出，不是蘿蔔盛產季節時，則可以加1大匙的米（不洗），直接和蘿蔔一起煮，就可以除去蘿蔔的苦澀味，然後再放到湯中去煮。

▍材料

牛肋條1公斤、牛大骨5～6塊、蔥3支、薑2片、八角1顆、白蘿蔔600公克、蔥花1大匙

▍調味料

酒3大匙、鹽適量、胡椒粉少許、麻油少許

▍做法

1. 整塊牛肋條和牛大骨，用滾水燙過後撈出洗淨。
2. 鍋中煮滾10杯水，放入牛肋條、牛大骨和蔥、薑、八角和酒燉煮約2小時。取出牛肋條，待稍涼時逆紋切成厚片或塊狀。
3. 牛大骨再續燉1小時，撈棄不用。牛肋條放回湯中。
4. 白蘿蔔削皮後切成大塊，在滾水中燙煮10分鐘至脫去生味，撈出放入牛肉湯中再燉煮至喜愛的軟爛度，約30分鐘，加鹽調味。
5. 湯碗中放適量的胡椒粉、麻油和蔥花，倒入牛肉湯即可上桌。

第三章

雞與鴨

　　無雞鴨不成席，因此過年圍爐餐桌上一定有雞也有鴨，除了吃好菜犒勞自己，也要祭拜祖先感謝恩澤。尤其「雞」音近「吉」，吃雞「起家」，讓全家平安又幸運。

富貴烤雞

　　烤箱在現在家庭中已經非常普及了，一台好的烤箱用來順手，效果又好，因此我們在準備一餐飯時，如果能準備一道烤箱菜，就可以省下很多時間。所以我常和學生說，準備菜單是很重要的，不要3～4道都是快炒的菜，臨要開飯了還得手忙腳亂的炒菜，又要洗鍋子。「富貴烤雞」正是非常適合年節氣氛的烤箱菜。

　　中國人喜歡吃雞，尤其在年節拜拜時常要準備一隻全雞，在閩南語中「雞」和「家」的音相似，有「起家」（意指興家立業）的意思。

　　在烤雞的時候要將鋁箔紙包轉動數次，以使湯汁流動，雞肉才有味道。這道菜由江浙館子的「叫化雞」改變而來，原本「叫化雞」要包裹上泥土來烤，家常做就改用鋁箔紙。也可以改用蒸的來做。如果喜歡荷葉的香氣，也可以將乾荷葉泡軟、刷洗乾淨，包著雞來烤或蒸。

▌材料

小的半土雞1隻、肉絲75公克、蔥絲1杯、冬菜（或福菜）半杯、大蒜4～5粒、玻璃紙1張、鋁箔紙1大張、牙籤2～3支

▌調味料

（1）醬油2大匙、酒1大匙、胡椒粉少許
（2）醬油少許、太白粉1茶匙、水1大匙
（3）酒1大匙、醬油½大匙、糖1茶匙

▌做法

1. 雞內部清洗乾淨，灌入1大杯滾水，沖洗一下內部。擦乾水分，在雞胸和雞腿肉較厚之處，用叉子叉幾下，在雞身內外塗上調味料（1）。
2. 肉絲用調味料（2）拌醃10分鐘；大蒜切厚片；冬菜浸水中泡10分鐘，瀝乾備用。
3. 起油鍋用3大匙油炒香大蒜片，放入肉絲和蔥絲，香氣透出後加入冬菜炒數下，加入調味料（3）炒勻，盛出，裝入雞的肚子裡，用牙籤封口。
4. 玻璃紙上塗上油，包住雞全身，外面再加包一層鋁箔紙（最好使用雙層）。
5. 烤箱預熱至180℃，放入鋁箔紙包，以中溫烤3個小時，至雞肉已夠爛為止。取出放至大盤中。打開紙包，附活頁饅頭或切了刀口的土司麵包一起上桌。

Tips 🖊
• 在雞胸和雞腿肉較厚之處，用叉子叉幾下，以使味道容易滲透。同時將雞胸骨壓扁一些，比較好看。

臘腸滑雞球

　　不知為什麼，過年總要備些香腸才讓人感受到有年的氣氛，我家過年時一定會買廣東臘腸和肝腸。廣東臘味常見的包括肝腸（顏色較深）、臘腸（肉類製成，顏色較紅）、臘肉和金銀肝等不同種類，成品較乾且硬，切片時應切得薄一點或以熱水泡軟一點再蒸。

　　雞球是廣東人對大一點的雞丁的稱呼，炒好後收縮，會像一個球體。炒的菜式會選用肉雞，蒸的菜式可以用仿土雞。肉雞常被人警告不能多吃，會吸收太多的生長激素，其實任何食物都不能過量攝取。因為肉雞有它的優點，炸或炒或烤的菜式，用肉雞才夠嫩又有雞汁，而要煮湯有鮮味和雞的香氣，總要選擇土雞或仿土雞。做白斬雞如果用了肉雞、則一點口感和香氣都沒有了。做菜也要向教學——因材施教，我們要因菜採買。

▌材料

去骨雞腿2支、廣東臘腸和肝腸各1條、新鮮香菇3～4朵、西芹1～2支、蔥1支：切段、薑片3片

▌調味料

（1）淡色醬油2茶匙、太白粉1大匙、水2大匙
（2）鹽¼茶匙、糖1茶匙、黑胡椒粉少許、水¾杯
（3）太白粉水2茶匙、麻油數滴

▌做法

1. 在雞腿的肉面上剁些刀口，再分割成3公分大小的塊狀，用調味料（1）拌勻、醃30分鐘。
2. 臘腸和肝腸刷洗乾淨後，在熱水中泡10～15分鐘，斜切成片。
3. 新鮮香菇快速沖洗一下，視大小切成3或4片；西芹撕去老筋後切成斜片，在滾水中汆燙1分鐘。
4. 雞腿用八分熱的油過油炒至7～8分熟，撈出。
5. 熱1大匙油爆香蔥段和薑片，放下香菇片、雞肉、臘腸片和西芹，再加入調味料（2）拌炒均勻，略燜3分鐘，待臘腸已熟，用太白粉水勾薄芡，滴下麻油炒勻即可裝盤。

白斬雞

　　過年拜拜會有一隻白煮雞，要煮得漂亮、火候一定不能大，以免會破皮。而且雞煮熟取出時，可以趁熱抹上鹽，再蓋一條濕毛巾散熱，放待涼後剁成塊來吃，這樣能保持雞的香氣，但是雞皮就沒有泡冰水的Q脆。也可以把薑、蔥末放到小碗中，淋下熱油，再調入鹽，做成蔥薑油沾汁。除此之外，拜完的白煮雞還有許多吃法，可以參考我已出版的《家家鍋中有隻雞》。

▍材料

半土雞或嫩黃土雞1隻（約2～2.4公斤）、薑1塊、
酒2大匙

▍調味料

（1）蔥細末1大匙、薑末1茶匙、油2大匙
（2）醬油膏1大匙

▍做法

1. 雞內部的血塊要清洗乾淨。

2. 挑一只煮雞的湯鍋，鍋子不要太寬，以免用太多的水，使雞的鮮味流失；鍋中放剛好淹過雞2公分高的水量，水煮滾，加入酒和薑片。

3. 抓住雞脖子，把雞身浸入水中，5秒鐘後提出，待水再煮開，再燙一次，最好雞的腹部也灌入一次熱水。把雞放入水中，等水再煮滾後，改成小火煮18～20分鐘。

4. 關火後把雞泡在雞湯中約30分鐘，撈出，用竹籤試一下肉厚的腿部，如沒有血水流出即是熟了，取出放在盆中。

5. 加入冰塊和冰水，蓋過雞，泡至雞已涼透（約30分鐘），取出，抹上雞湯上的雞油或麻油。

6. 雞肉剁塊，淋2～3大匙的雞汁，附上蔥薑油和醬油膏沾食雞肉。

香酥鴨

香酥鴨是媽媽教菜時必教的一道菜,非常好吃。尤其是媽媽的日語流利,有日本團體來台灣觀光兼學做菜時,媽媽就會安排這道香酥鴨和荷葉夾(因形似荷葉,故媽媽取名為荷葉夾),讓日本人感受到花椒的香氣。香酥鴨要蒸2～3小時至鴨十分爛,再炸至皮酥,日本人讚嘆不已。

但因炸鴨時,需要一大鍋蓋過全鴨的熱油,往往令人望而止步。所以現在過年過節時,我都改做香酥雞腿。但是媽媽在的時候,家中過年請客或是日本班上課,媽媽還是會做全鴨,因為她認為如此的呈現,才能顯出中國菜的氣勢。

材料

光鴨1隻(約1.8公斤)

醃鴨料

花椒2大匙、鹽2大匙、蔥段2支、薑片3片、酒1大匙

調味料

醬油3大匙、麵粉½杯、花椒鹽2茶匙

做法

1. 將花椒放在乾鍋中,用小火煸炒約2分鐘至透出香味時,再加入鹽同炒1分鐘,盛入盆內,待冷卻後加蔥段(拍碎)、薑片與酒拌合。

2. 把鴨子放砧板上,用力把鴨子壓扁,並彎曲鴨的身子,將背骨折斷,使鴨子成為扁平狀。

3. 用花椒鹽在鴨身及鴨腹各處擦抹,醃約6小時以上(1天以內)

4. 將鴨身上的花椒及蔥薑抹除擦乾水分,將鴨連盆置入蒸鍋中,用大火蒸至鴨肉軟爛(約3小時左右)。

5. 端出已蒸至軟爛的鴨,放至全涼,塗抹醬油在鴨皮上,再鋪上麵粉,旋即投入熱油中,以大火炸成金黃色(炸2次、約3～4分鐘)。

6. 將已炸得酥脆之鴨裝在大盤中,附上花椒鹽即可上桌。附荷葉夾或活頁饅頭上桌夾食。

香酥雞腿

　　香酥雞腿脫胎自香酥鴨，香酥鴨做起來費力又耗時，特別是在炸鴨時，鴨肉酥爛離骨，下鍋時一不小心就可能破皮掉肉；而鴨皮一破，炸來會油膩，使肉的口感過於乾柴，且容易爆油。

　　而且由於鴨不好買，不如以同樣做法改用雞腿來做，時間縮短一半以上，肉質鮮美、做法又簡單，隨時可以拿來佐餐。

　　用花椒醃了2小時以上的雞腿，味香肉酥，吃的時候，人手一隻，豪邁過癮，連雞腿骨頭都香呢！如果我久久不做，弟弟還會要求我做來打牙祭呢！

▋材料
棒棒雞腿6支、蔥2支、醬油適量、麵粉3大匙、花椒鹽2茶匙

▋醃雞料
花椒粒2大匙、鹽2大匙、蔥段2支、薑片3片、酒1大匙

▋做法

1. 在乾的炒鍋內用小火炒香花椒粒，再放下鹽略為拌炒，盛入盤中；再放下拍碎的蔥段、薑片及酒拌合，用來擦搓雞腿，約搓1分鐘後放置在盆中醃2～3小時。

2. 將醃過之雞腿放在蒸盤上，要先清除腿上沾黏的花椒粒，再移進蒸鍋內，用大火蒸1小時以上，至雞十分酥爛為止取出。

3. 待雞腿稍涼時，用醬油塗抹雞腿，並撒下乾麵粉，拍勻後，投入熱油中，用大火炸1次至雞腿呈金黃色即好。

Tips • 蒸之前一定要清除雞腿上的花椒粒，以免肉熟後卡在肉內，難以弄乾淨。
　　　　　 • 蒸雞腿時會有許多雞汁流出，應選用一個有深度的水盤來蒸，接住雞汁。

第四章

豬與牛

過年宰豬宰牛，代表著一個家庭收入豐厚、努力
的成果，以及祭拜上天的誠心誠意。祭拜過後，將牲
禮做成一道道澎湃年菜，入口美味又暖心。

紅燜蹄膀

　　圓形的蹄膀在過年時很討喜，但因為豬皮在燒煮的時候會收縮，形狀變得不好看，所以要先將豬皮包住瘦肉並固定好，因此在選購蹄膀的時候，就要挑選豬皮長一點的才容易固定。

　　蹄膀若是一頓吃不完，可以用保鮮膜包成好看一點的形狀，冷藏後第二頓切片當凍肘子，吃冷的；或者切塊加大白菜和粉絲、寬粉條燉煮來吃。

　　紅燒時醬油和酒的香氣非常重。我20多年前認識香菇王股份有限公司的王義郎董事長，就開始用他的兩款香菇醬油湯露，這是從日本原裝進的，有葷、素兩種。我個人十分偏愛素的，味道甘醇，可以紅燒、炒菜或直接沾食都很好吃。我做香菇王代言人已有十餘年了，他們現在又開設了第一名店旗艦店和中和門市，對它的茁壯，我與有榮焉。

▎材料
後腿蹄膀1個、蔥4支、薑2片、八角1顆、菠菜200公克

▎調味料
醬油⅔杯、老抽醬油½茶匙、紹興酒3大匙、冰糖1大匙

▎做法
1. 蹄膀的雜毛拔除雜毛、刮淨，用3～4支牙籤或棉繩固定豬皮，包住瘦肉，呈現圓形狀。
2. 用滾水燙煮2分鐘、取出，清洗乾淨。
3. 把蔥段墊在鍋中，上面放蹄膀，再把薑、八角和酒一起放入鍋中，加入滾水（要蓋過蹄膀一半以上）。大火煮滾湯汁後改小火，燉煮約1小時。
4. 用2大匙油將冰糖炒至溶化、變色，加入兩種醬油，倒入煮肉湯汁，再續煮約2小時以上，燒到最後半小時的時候，要用湯杓不斷把湯汁澆淋到蹄膀上，使皮上色。燒至蹄膀夠軟爛即可關火、盛盤。
5. 盤中附上炒菠菜或炒豆苗，一起上桌。

Tips 🖊
　• 不炒糖色直接加醬油來燒也可以，炒糖色較有香氣。

蹄膀滷筍絲

　　這是本省人在過年時常會做的一道菜，以圓圓的腿庫（本省人稱蹄膀為腿庫）象徵滿滿的財庫。我愛吃筍子，這道菜使用的筍乾絲和江浙人煮紅燒肉（節節高）時用的玉蘭筍乾，口感不同。我愛吃筍子，弟弟愛蹄膀，因此過年時常做這道台菜。

　　蹄膀要煮的顏色漂亮，水一定要少放，同時先燒皮面，把皮燒上色了，再翻面燒爛。這種桂竹筍很鹹又有一種酸味，一定在多次換水泡過之後，再煮至完全無味，才能加入蹄膀中一起燒，來吸收蹄膀醬汁的好味道。

▌材料
後腿蹄膀一個、筍乾絲200公克、蔥1支、薑2片

▌調味料
酒2大匙、醬油5大匙、冰糖1大匙

▌做法
1. 蹄膀洗淨，有毛的地方要刮乾淨，豬皮包住豬肉部分、以牙籤固定住。
2. 鍋中加約1～2大匙的油，放入蹄膀，肉皮面朝下，慢慢煎至有些金黃，放下蔥段和薑片一起煎香。
3. 加入調味料及1½杯水，皮面泡在醬油中煮約2小時，見皮面上了醬油色，翻至肉面朝下，水不夠時可以再加一些水，再煮1小時。
4. 筍乾泡水，多換幾次水，漂去鹹及酸味，約1小時。最後再放入水中煮半小時，以確定沒有鹹酸味。
5. 將筍絲放入蹄膀中，再煮約半小時，至蹄膀已夠爛即可關火。

（陳盈舟老師示範）

Tips ✎
- 過年滷蹄膀大都是用後腿蹄膀，才能燒出圓圓的漂亮形狀。前腿蹄膀比較小，皮也包不住，無法成圓形。我都拿它來燉一品鍋，肉較嫩，不用燉這麼久。

白菜獅子頭

　　獅子頭的傳統做法是將豬肉的肥、瘦部分分開切，而且分別剁過，再一起攪拌。之後再以蔥薑拍碎之後，泡在水中約5分鐘做成蔥薑水；用這有蔥薑味的水來攪打肉料，而非以蔥屑、薑末來調拌，這也正是揚州獅子頭細緻之處及廣受歡迎之因。

　　做這道菜時，可以預先多做幾粒獅子頭，燉約2小時後，分開冷藏或冷凍。吃的時候只要加入白菜再燉爛即可，也是非常實用的年菜。只是考量現在人工作生活忙碌，我教學生們改用絞肉，方便許多；而且加了爆米花之後，口感有了軟嫩且入口即化的變化。現在我覺得，有時候做菜也不得不因現實而做些改變，只要不離譜也可以接受了。

▎材料
前腿絞肉瘦的600公克、肥的200公克、大白菜1公斤、爆米花1杯、太白粉1大匙、水2大匙、熱清湯或熱水3杯

▎拌肉料
鹽½茶匙、蔥薑水½杯、紹興酒1大匙、醬油2大匙、蛋1個、太白粉1大匙、胡椒粉少許

▎調味料
醬油1大匙、鹽¼茶匙

▎做法
1. 將瘦肉部分再剁一下、和肥肉一起放入大盆內，先加入鹽和蔥薑水攪拌至有黏性（應分多次加入），再加入其他的拌肉料。順著同一方向仔細調攪拌肉料，並擲摔約3分多鐘至肉有彈性，最後加入爆米花拌勻。
2. 大白菜先剝下4片大葉留用，其他全部切成寬段，用熱水燙至微軟，撈出。
3. 在炒鍋內將3大匙油燒熱，將做法（1）的肉料分為4份，每份用雙手沾少許太白粉水（1大匙太白粉和2大匙水調勻），反覆揉成一個大丸子狀，輕輕放入油中，煎黃兩面後移到砂鍋中。
4. 4個全部煎好後，用那4張大白菜葉相疊覆蓋妥當，注入熱清湯、醬油及鹽，用小火燉燒約2小時。
5. 將燙過的白菜盡量放入獅子頭底部，再燒約半小時，至獅子頭和白菜均已夠軟嫩。

腐乳肉

　　這道腐乳肉因為顏色漂亮又特別，味道則是非常江浙式的鹹中帶甜，是我請客和過年時常做的一道菜。

　　調味料中的紅腐乳汁，在如台北市的東門或南門市場等大型傳統市場可以買到，雖然已經有酒的成分和鹹味，調味時還可再加些紹興酒增香。因為腐乳汁味鹹，所以可以保存很久，有空閒時，不妨走一趟南門市場（捷運中正紀念堂站2號出口）買一瓶來試試！東門市場則有一家福建籍夫婦開的雜貨店有出售。

材料
五花肉1公斤、蔥3支、薑2片、八角1顆、豆苗200公克

調味料
紅腐乳汁1杯、紹興酒1大匙、冰糖2大匙

做法
1. 五花肉選購整塊約8公分寬，放入水中燙煮3～5分鐘。取出沖淨，切成兩塊，把肉略微修整。
2. 將五花肉放入鍋中，加入蔥、薑、八角和紅腐乳汁及紹興酒，再加水蓋過肉。大火煮滾後改小火，煮約2個小時，至湯汁剩⅓量。
3. 將五花肉連汁移入碗中（皮面朝下），加入冰糖，上鍋再蒸1小時以上，至肉十分軟爛。
4. 把湯汁小心的倒入鍋中，大火收汁至濃稠，約有⅔杯，試一下味道，可酌加糖調整甜度。
5. 五花肉皮面朝上，扣放在餐盤上，將肉汁淋在肉上，旁邊配上炒過的豆苗。

Tips 　• 五花肉因為要買 8 公分寬一整條，所以可以切一半做腐乳肉，另一半做扣肉（請參照本書第 26 ～ 27 頁），或切塊來紅燒。

程家大肉

　　程家大肉本來菜名是「香滷肉排」，因為弟弟愛吃，又常掛在嘴邊說「我家那塊大肉」，因此被美食記者將這道菜封為「程家大肉」。做這道菜最重要的就是肉的挑選，因為是整塊肉大塊的燒，再切成大片上桌，如果肉中沒有軟筋和油花，吃起來就會乾澀又柴；因此一頭豬中只有兩塊梅花肉的前端的那⅔的部位才適合，同時要修成圓柱形，而這個部位也是做紅燒肉的首選。

　　初次做這道菜的讀者要多試驗去體會肉的軟爛度，當你燒到超過1.5至2小時的時候，可以拿一支筷子插入肉的中間，感覺筷子是否能很容易地插入或仍是硬硬的有阻力，肉本身就有老嫩的差別，所以每次煮的時間多少會有不同，要手的感覺才最準。

▌材料

梅花肉一塊約900～1000公克、蔥4支、薑2片、八角1粒、月桂葉2片、棉繩2條

▌調味料

紹興酒2大匙、醬油5大匙、冰糖1大匙

▌做法

1. 梅花肉用棉繩綑綁，紮成圓柱形。鍋中燒熱約2大匙油，將梅花肉四周用熱油煎出香氣，表面略有些焦痕，取出。

2. 放下蔥段和薑片用餘油炒香，放回肉排，淋下酒和醬油先燒一下，再放入水和冰糖，並加入八角和月桂葉，煮滾後改用小火滷煮，約1.5至2小時。煮至喜愛的軟爛度，關火，浸泡1小時以上。

3. 取出肉排，切片裝盤，湯汁用大火略收濃稠一些，滴入少許麻油，再淋在肉排上。

Tips 🖊 • 因為有油花，所以如果不綁住的話，燒好之後就會散開。

節節高 / 福祿肉

　　紅燒肉是過年期間非常方便好用的年菜，可用祭祖拜拜煮熟的五花肉，再改刀切成塊來燒，燒的時候最好加煮肉的湯汁取代水，而且最好只燒到8分爛。要吃之前再取適當的量加熱、燒爛，或者不加配料。一次多煮一些，煮到5～6分爛，每次要吃之前再分別放入不同配料來燒。例如冬天的蘿蔔甜，可以加蘿蔔，或者洋蔥、木耳、馬鈴薯、山藥、白煮蛋、海帶都可以。

節節高

▌材料
五花肉900公克、玉蘭筍乾600公克、蔥3支、薑2片、八角2顆

▌調味料
紹興酒2大匙、醬油4大匙、冰糖1½大匙

▌做法
1. 五花肉切成喜愛的大小，用熱水汆燙1分鐘，撈出洗淨。
2. 玉蘭筍乾洗淨、撕成粗條，再切成5公分長段，用滾水燙煮一下，撈出。
3. 用少許油爆炒蔥段、薑及肉塊，淋下酒、醬油、冰糖、八角和水，煮滾後放入玉蘭筍同燒煮，約2小時。

福祿肉

▌材料
五花肉900公克、蔥3支、薑2片、大蒜3粒、香菜少許

▌調味料
紅糟2大匙、紅豆腐乳1塊（或白色亦可）、紹興酒2大匙、淡色醬油1大匙、冰糖1½大匙

▌做法
1. 以「節節高」做法（1）的同樣手法處理五花肉。
2. 蔥切段；大蒜拍裂壓碎；豆腐乳加汁調勻。
3. 炒鍋中用1大匙油爆香大蒜，再放下蔥、薑炒香，加入紅糟、紅豆腐乳和肉塊再炒一下，待香氣透出時，淋下酒、醬油、冰糖和水2杯，煮滾後移到較厚的砂鍋中燉煮。
4. 燉煮約1.5小時～2小時，至喜愛的軟爛，關火盛出。

鮮橙肉排

記得婆婆在世的時候，最喜歡吃帶骨頭的部分，所以常常用小排骨、雞翅膀一類帶骨的材料來做菜。她做的上海式的糖醋排骨真是好吃，常說啃骨頭比吃肉有香氣。過年時除了蹄膀、五花肉一類的大肉之外，可以備一些排骨肉，做成不同口味的菜式。例如京都排骨就是將調味料換成番茄醬、辣醬油、A1 Sauce和糖各1大匙半，加水3大匙，煮滾、拌入排骨即可。

廣東餐廳在處理豬肉或牛肉時，通常都會先用小蘇打粉醃過後再烹調。小蘇打有嫩化肉質的作用，例如飲茶時常點的豉汁排骨、很受歡迎的蠔油牛肉、黑胡椒牛柳、乾炒牛河皆是。我們做烘焙時也常會用到，因此不需要對小蘇打有排斥心理；但是用小蘇打時要小心分量，用多了反而會有苦澀味道，且會使肉變得太軟爛了。

材料
豬小排骨600公克或梅花肉瘦肉部分400公克、柳橙2個

醃肉料
淡色醬油2大匙、小蘇打¼茶匙、鹽¼茶匙、水2大匙、麵粉2大匙、太白粉2大匙

調味料
瓶裝柳橙汁¼杯、糖2大匙、檸檬汁3大匙、鹽¼茶匙

做法
1. 小排骨剁成約4～5公分的長段，若選用梅花肉也要將肉切成較寬厚的肉塊。醃肉料在碗中先調勻，放入排骨拌勻，醃40分鐘以上。
2. 1個柳橙榨汁約有¼杯，再和其他調味料調勻。
3. 將另一個柳橙切成半圓片，排在餐盤中做成盤飾。
4. 炸油燒至6分熱，放入排骨以中小火炸熟，撈出。油再燒熱，重新放回排骨，以大火炸15～20秒，撈出、瀝淨油漬，油倒出。
5. 柳橙汁調味料放鍋中，煮滾後關火，放回排骨快速拌勻，盛至盤中。

紅燒牛肉

　　這道料理的食材中，牛肋條是帶著筋、帶著油花的部位，用來燉煮紅燒牛肉最好吃。從前腿及後腿都可以分割出的腱子肉，雖然沒有油花分布在瘦肉中，但是筋多且肉味極佳，除了滷之外，也可以搭配著放入紅燒牛肉中。喜歡吃筋、白腩的人，則可以選擇牛腩的部位，牛腩要煮的時間較久，預煮的時間約在2.5小時。

　　紅燒牛肉和燒豬肉一樣，要有夠多的分量才能燒出肉的香氣，而且牛肉要花那麼長的火候來燒，不妨多燒一些，再分次享用。

▌材料
台灣牛肋條或腱子肉2公斤、牛大骨4～5塊、大蒜5粒、蔥3支、薑4大片、花椒粒1大匙、八角2顆、紅辣椒2支

▌煮牛肉料
酒2大匙、蔥2支、薑3片、八角2顆

▌調味料
辣豆瓣醬2大匙、醬油¾杯、酒3大匙、冰糖1大匙、鹽適量

▌做法
1. 牛肉整塊和牛大骨一起在開水中汆燙2分鐘，撈出，洗淨，再放入滾水中，加煮牛肉料，煮約1.5小時。肉撈出，大骨繼續再熬煮2小時。牛肉放涼後切成厚片或切塊亦可。

2. 另在炒鍋內燒熱2大匙油，先爆香蔥段、薑片和大蒜粒，並加入花椒、八角同炒，再放下辣豆瓣醬煸炒一下，繼續加入醬油和酒，用一塊白紗布將大蒜等撈出包好。

3. 將牛肉放入汁中略炒，加入大蒜包、糖及牛肉湯（湯要超過肉的7分滿），再煮約1小時以上、至肉已爛便可關火。

魚香牛肋條

　　「扣」是指將食材先處理過後排入碗中，上桌前再加熱後倒扣到盤子中，因此「扣」的菜很適合作為年菜提前來準備，開飯前蒸熱，做芡汁淋上即可上桌。提早2～3天準備，一次做上2～3份，每次再做一個不同口味的芡汁淋在上面，例如咖哩、茄汁或紅燒的原味都不錯。

　　牛肋條肉整塊煮可以將肉香保存在肉中，煮到7～8分爛再切開來燒，無論燒湯或紅燒，肉香都不會被湯汁蓋過，這種「扣」的菜正是這種做法。吃的時候雖然搭配的是微辣的魚香口味，但是還是吃的到牛肉的香氣，相信你會喜歡，但是前提是要買台灣牛肉，進口牛肉的香氣我總覺得差一些。

▌材料

牛肋條肉900公克（整塊不切）、胡蘿蔔1條、青江菜6棵

▌煮牛肉料

蔥2支、薑2片、八角1顆、紹興酒2大匙

▌蒸牛肉料

花椒粒1茶匙、蔥1支、薑2片、酒、醬油各1大匙、糖1茶匙、牛肉湯1杯

▌魚香汁料

大蒜屑½大匙、薑末1茶匙、辣豆瓣醬1大匙、醬油1大匙、糖1茶匙、醋½大匙、鹽少許、太白粉2茶匙、清湯1杯、麻油少許、蔥花1大匙

▌做法

1. 牛肉整塊燙水後沖洗一下，放入湯鍋中加煮牛肉料和水5杯，煮滾後改小火煮約2小時，取出放涼。

2. 牛肉逆紋切成厚片，排入碗中。胡蘿蔔切小塊，填放在牛肉上，加入蒸牛肉料，上鍋再蒸約半小時，至牛肉夠爛為止。

3. 青江菜摘好，在滾水中燙30秒，撈出沖涼，再用少許油炒一下，盛出瀝乾湯汁。

4. 牛肉汁泌出到碗中，再將牛肉倒扣在大盤中，擺上青江菜圍邊。

5. 用1大匙油爆香大蒜和薑屑，再倒入其他魚香汁調味料和蒸肉沁出的湯汁，煮滾後淋在牛肉上。

XO 醬炒牛肉

　　炒牛肉是道最方便準備的年菜，醃好30分鐘即可下鍋，若使用菲力部位來炒，就可以不加小蘇打，因這個部分肉質很嫩，加了反而使肉軟爛；其餘部位則不妨少量添加小蘇打，能使牛肉有彈牙的Q嫩口感。

　　配料可隨意變化，洋蔥、甜豆片、豌豆夾、胡蘿蔔、芹菜、各種菇類都適合，甚至芥蘭菜、空心菜、青江菜也都不錯。口味也可以變化，可搭配蠔油醬料、沙茶醬或是黑胡椒醬。

▌材料
嫩牛肉300克、紅黃甜椒各半個、新鮮百合1球、洋蔥¼個

▌醃牛肉料
醬油½大匙、酒1茶匙、水2大匙、小蘇打¼茶匙、太白粉1大匙

▌調味料
XO醬1～2大匙、鹽¼茶匙、水3大匙

▌做法

1. 牛肉逆紋切成薄片；醃牛肉料中，除了太白粉之外，先在碗中調勻後，放入牛肉片拌勻，接著加入太白粉拌勻，醃30分鐘以上。
2. 紅、黃甜椒去籽、切片；百合先分成1片片的，再將深褐色的邊緣剪除，沖洗一下；洋蔥沖洗後切成小塊。
3. 鍋中燒熱水，放下百合，快速燙10～15秒，撈出。
4. 鍋中另外燒熱4～5大匙的油，燒至9分熱時，放下牛肉過油至8分熟，撈出，油倒出。
5. 放下洋蔥塊和紅黃甜椒一起下鍋炒至微軟，放回牛肉及百合，再加入調味料，拌炒均勻即可起鍋。

第五章

魚、海鮮
與乾貨

　　年夜飯的餐桌上，海鮮的吉祥話真豐富，「魚」和「餘」諧音，意味著「年年有餘」。留頭留尾到明年，表達新年「有頭有尾」的祈願。蒸熟的蝦子，有蒸蒸日上的意思，代表未來一年都會有好運相伴呢！

糖醋全魚

做糖醋魚最理想的是黃魚，因為黃魚是長型且魚肉較厚的魚，可以切出很深的刀口，炸起來才漂亮，能讓魚站起來。現在野生的黃魚非常少又昂貴，因此也可改用養殖的黃魚、大約都是1斤（600公克左右）大小，剛好可以做這道糖醋全魚。如果拿這種養殖的黃魚來做其他菜式，如清蒸或紅燒或做雪菜黃魚麵，我都嫌它肉質不對、不夠鮮嫩、細緻。這是我和與我年齡相仿的朋友們一致的遺憾，從前吃過野生的黃魚，對現在養殖的總是只有搖頭的份。

▌材料
長型魚1條（約600公克重）、洋蔥丁½杯、番茄丁½杯、香菇丁2大匙、青豆2大匙、太白粉½杯

▌調味料
（1）蔥1支、薑2片、鹽1茶匙、酒1大匙
（2）番茄醬3大匙、糖4大匙、醋4大匙、鹽¼茶匙、水½杯、太白粉½大匙、麻油1茶匙

▌做法
1. 魚打理乾淨，在兩側魚肉上，打斜刀切深而薄的刀口，用拍碎的蔥薑加調味料（1）抹勻，醃15分鐘。
2. 除去蔥薑，用太白粉沾裹魚身，投入7分熱的油中以中火炸熟，撈出，將炸油燒到9分熱，放下魚，以大火炸至酥而脆，撈出，瀝乾油。
3. 把魚放在大盤中，用紙巾蓋住魚身，將魚壓扁一點、使魚站立。
4. 用2大匙油先炒香洋蔥，再放入香菇番茄丁，並將調勻的調味料（2）和青豆倒入煮滾，全部淋在魚身上。

年年有餘

　　傳統年夜飯中準備的魚是不能吃完的，要留到第二天，也就是新的一年來享用，有著年年有魚（餘）的意涵，因此這道魚的烹調方法要著重在「耐放」。清蒸或紅燒的魚，第二天會較有腥氣，最好的方法是先經過炸或煎的前處理；既可以在除夕夜吃，也可以放到第二天，加一個調味汁烹一下，又可以上桌了。

　　每年和幾位朋友會在年前一起向熟識的海鮮批發商訂海鮮，在訂魚的時候，首選就是鯧魚，因為鯧魚有「昌昌旺旺」的好口彩，大家用鯧魚討個吉祥。但是這兩、三年來，鯧魚的價格越來越高，大家就少買幾條，意思一下或是把大鯧魚改成中等尺寸。在大夥開始討論訂哪幾種海鮮時，好像才開始有過年的氣氛，比較忙碌一些。於是匆匆地，一年又過去了！

▌材料
鯧魚1條、薑末½大匙、大蒜末1大匙、紅椒粒2大匙、蔥花1大匙、麵粉2大匙

▌醃魚料
鹽1茶匙、酒1大匙、蔥1支、薑2片

▌烹魚料
酒2大匙、番茄醬1大匙、糖1½大匙、白醋1大匙、烏醋1大匙、鹽¼茶匙、水3大匙

▌做法
1. 將魚打理乾淨，魚鰭修整齊，劃切2～3道刀口。
2. 醃魚的蔥薑拍一下，加醃魚料一起將魚抹勻，醃15～20分鐘。
3. 魚擦乾，拍上少許麵粉，投入熱油中炸熟、或用5～6大匙的熱油煎熟。取出，瀝乾油漬，放在盤中，可以做為祭祀拜拜用。
4. 拜拜完或是除夕吃剩下來的冷魚，在吃之前，可先把魚放入鍋中，加少許的油、以中小火慢慢加溫、煎熱。盛入盤中。
5. 起油鍋，用2大匙油爆香薑末和大蒜末，淋下烹魚料炒香，起鍋前撒下蔥花和紅椒粒，全部淋在魚身上。

生財魚捲

　　這道菜需要有些刀工，因此過年時，對「吃」講究的朋友到訪時，我才做這道菜。紅色石斑魚顏色較漂亮，可為過年的餐點添些色彩，也可以用鱸魚或鯧魚來做。若魚肉的量不夠多時，還可添加真空包裝的鯛魚肉。

　　魚肉中包裹的絲料可增添魚肉的風味，隨個人喜愛用薑絲、香菇絲、火腿絲或炒過的洋蔥絲，均可變化味道。

▍材料

紅色石斑魚或鱸魚1條（約750公克）、西洋菜1球、蔥絲¼杯、筍絲¼杯、香菜葉10片、紅蔥頭4粒

▍調味料

(1)鹽¼茶匙、胡椒粉少許、蛋白1大匙、太白粉1茶匙、油½大匙
(2)淡色醬油1½大匙、糖½茶匙、水4大匙

▍做法

1. 魚打理乾淨後先取下頭、尾，再將兩邊的魚肉剔下來，剔除所有的小刺，打斜切成片，用調味料（1）拌醃10分鐘。頭、尾撒少許鹽和胡椒粉抹勻、醃一下即可。

2. 西生菜在蒂頭部分剪下刀口，將蒂頭部分抽取出來，整球放在滾水中燙 30～40 秒後，馬上泡入冷水中，將生菜葉小心剝下來，修除較硬的部分。

3. 生菜葉平鋪在砧板上，放上一片魚肉，肉上放少許蔥絲、筍絲和香菜葉，包成長方形。

4. 包好的魚捲放在抹了少許油的盤子上，頭尾也一起放在盤子上，再放入水已煮開的蒸鍋中，大火蒸6～7分鐘，蒸熟後取出。

5. 紅蔥頭切薄片，調味料（2）先調勻。用約2大匙油慢慢炒香紅蔥頭，淋下調味料（2），一滾即全部淋在魚捲上。

海皇豆腐煲

　　做年菜時,我喜歡用海鮮,一方面較清爽,同時解凍備料也方便。以白沙蝦來說,現在養殖後直接冷凍裝盒的都很新鮮,解凍後只放入有蔥、薑、酒、鹽的水中,汆燙一下做白灼蝦;或是加了粉絲墊底的鮮蝦粉絲煲;再來剝殼、留下尾巴、剖背後配上綠花椰菜炒的碧綠蝦球;裹了麵包粉的炸蝦排都很好變化。新鮮的海鮮即使只放在火鍋中燙煮也很方便又好吃呢!

材料

蝦12隻、鮮貝8粒、新鮮魷魚1條、蟹腿肉½盒、香菇4朵、青江菜4棵、雞蛋豆腐2盒、蔥2支、薑6片

醃料

鹽適量、太白粉適量

調味料

蠔油1大匙、鹽適量、糖少許、太白粉水適量

做法

1. 新鮮魷魚在內部切交叉刀口,先分割成3公分寬條、再切成3公分寬的塊狀。
2. 蝦剝殼洗淨,和鮮貝、蟹腿肉分別用醃料拌醃10分鐘後,投入熱水中。蝦以大火、熱水燙熟,而鮮貝、鮮魷和蟹腿肉則用小火浸泡片刻即可撈出。
3. 青江菜對剖為二,用滾水汆燙一下立即撈出,沖冷水;香菇泡軟、切小塊。
4. 豆腐切成厚片,用大火、熱油炸至外皮變金黃色,撈出瀝乾,盛放到砂鍋中保溫。
5. 起油鍋爆香蔥段和薑片,加入香菇和青江菜略炒一下,放下蠔油及高湯煮滾,放下海鮮料,再煮滾後即可勾芡,倒入砂鍋中即可上桌。

奶油燴雙鮮

　　經常在過年前都會有許多媒體以「如何採購年菜」為題採訪我，我常常鼓勵大家多買些海鮮料，冷凍方便、解凍也快，隨時要加菜都很簡單；吃不完凍著也不會變壞，像鮮干貝、鮮蝦類（明蝦、白沙蝦和草蝦）、蟹腿肉、花枝、鮮魷，都可以買一些備著，即使吃火鍋也很好用。

▌材料

新鮮干貝10粒、白沙蝦10隻、綠花椰菜1顆、洋蔥屑1大匙、紅蔥頭片1大匙、奶油1大匙、鮮奶油2大匙（或鮮奶4大匙）、清湯½杯

▌醃蝦料

鹽少許、蛋白½大匙、太白粉½大匙

▌醃干貝料

鹽少許、太白粉1大匙

▌調味料

酒½大匙、鹽少許、太白粉水½大匙

▌做法

1. 鮮新干貝解凍後用清水快速沖洗一下，擦乾水分，用醃料拌醃10分鐘。
2. 蝦子剝殼，僅留下尾殼，將腸砂抽除。放入盆中加少許太白粉抓洗一下，用清水沖淨，擦乾水分。由背部剖劃一刀，加醃蝦料拌勻，放冰箱中醃20分鐘以上。
3. 綠花椰菜分成小朵，沖洗、瀝乾。用滾水汆燙1分鐘，撈出沖涼，再用油炒一下，調味盛出。排入大盤中。
4. 將蝦子放入滾水中燙熟，盛出。鍋中再加入½杯冷水，放下鮮貝，以極小火泡1分鐘，撈出。用紙巾吸乾鮮貝水分，兩面沾上麵粉，用約1大匙奶油煎黃兩面。再放入蝦子煎香，盛出。
5. 另用1大匙油炒香紅蔥片和洋蔥屑，待香氣透出，淋下酒和清湯，煮滾後撈棄洋蔥等，加鹽、奶油和鮮奶調味，勾芡後放回兩種海鮮料，快速拌合即起鍋，裝入綠花椰菜中間。

Tips
- 鮮干貝煎過會有香氣，不煎亦可。蝦仁可以過油炒過、代替過水汆燙，汆燙較方便也少油煙。

醋溜明蝦片

　　明蝦在過年的時候也是極受歡迎的食材，因為價格較高，平常不太捨得吃，過年期間特別，紛紛上桌。這是一道北方菜，用大蒜爆鍋，糖醋中帶有大蒜的香氣，非常特別。因為明蝦貴，所以媽媽在切法上將一隻明蝦切成4片，5隻蝦就有20片了，再裹上太白粉，看起來量就夠多了。媽媽還不忘叮嚀——明蝦的尾巴漂亮，裹上太白粉後要把尾巴上沾的粉弄掉，炸起來才會顯出紅色。

▌材料

明蝦5隻、乾木耳2大匙、毛豆2大匙、胡蘿蔔片3大匙、大蒜片2大匙、太白粉½杯

▌調味料

（1）醃蝦料：鹽¼茶匙、蛋白1大匙、太白粉1大匙
（2）醋溜料：醋4大匙、糖4大匙、水6大匙、鹽⅓茶匙、太白粉½大匙、麻油少許

▌做法

1. 明蝦剝去外殼僅留下尾殼，抽除腸砂，沖洗一下，擦乾水分。每隻片成直片兩半，每半片再切成兩段，用醃蝦料拌勻，醃半小時。再沾上太白粉。

2. 大蒜切片；木耳泡軟，撕成小朵；毛豆洗淨，燙熟；醋溜料在碗中調好。

3. 炸油燒熱，放下明蝦片炸熟即撈出。

4. 另用1大匙油炒香大蒜片，再放下其他的配料同炒，倒下醋溜料煮滾，當汁濃稠時即可關火，將明蝦片落鍋，快速一拌即裝盤。

Tips 🖊
• 明蝦較為昂貴，也可以改用草蝦，對剖成兩半，或者用白沙蝦僅剖開背部一刀來做。

起司焗明蝦

「起司焗明蝦」是我家請客菜單排行榜的前5名，除了好吃之外，我常戲稱它省料。如果10位客人吃飯，做「西炸明蝦」，最少需要10隻明蝦；但是做這道菜，每隻明蝦切成3段，有個5～6隻明蝦，再加上6～8個白煮蛋，滿滿一盤，非常體面。我授課時，一定要確定每位同學都會做白醬，學會之後可以焗烤魚、焗烤海鮮、烤白菜、焗烤飯，加入咖哩粉還能變成咖哩口味，是非常實用的一個技巧。

在家裡有一台好烤箱是非常必需的，許多菜都是可以先做好，等要上桌前再放入烤箱烤熱、烤黃表面。開飯時端出來，就省去急急忙忙去現燒、現炒的煩惱。像我就有兩台飛騰家電的大小烤箱，真省了我不少功夫呢！

▎材料

明蝦5隻、洋菇6～8粒、雞蛋6個、洋蔥¼個、麵粉4大匙、清湯或水3杯、奶油1大匙、鮮奶油2大匙或鮮奶4大匙、Parmesan Cheese起司粉1～2大匙、披薩起司絲3大匙

▎調味料

鹽、胡椒粉各適量

▎做法

1. 明蝦剝殼、抽腸砂，每條切成3小塊，撒少許鹽和胡椒粉醃一下。
2. 蛋從冷水開始煮，水滾後12分鐘成白煮蛋，泡冷水，剝殼，每個切成5片；洋菇也切片；洋蔥切丁。
3. 燒熱4大匙油，放入蝦塊炒至熟，盛出。放入洋蔥和洋菇再炒一下，加入麵粉（應確定油的量足夠炒化麵粉），小火炒至微黃，慢慢加入冷清湯，邊加邊攪成均勻的糊狀。
4. 加鹽和黑胡椒粉調味。最後加入奶油和鮮奶油（或鮮奶）調勻，關火。放下明蝦及白煮蛋，小心拌勻。
5. 烤碗中先盛放白煮蛋，同時將明蝦盛放在上面，全部裝好後，撒下起司粉和起司絲。
6. 烤箱預熱至220℃，放入烤碗，烤至起司融化且呈金黃色即可。

西炸明蝦

　　「炸明蝦」是在我家的年夜飯餐桌上一定會出現的菜，往往弟弟覺得1隻不夠，得備上2隻才夠他吃。媽媽曾經為了請我們同學吃飯，對小朋友不捨得用大明蝦，因而發明了將3～4隻小蝦串在一起，沾麵包粉來炸的「西炸蝦排」。雖然也很好吃，但是口感和香氣，與明蝦還是無法比擬。

　　做這道菜時想吃到外皮酥鬆「卡滋」的美好口感，在裹麵包粉時，不能硬壓，要保持鬆鬆的感覺，炸出來的大蝦外衣才會鬆脆可口。我們家吃炸明蝦時會沾番茄醬和梅林辣醬油混合的沾醬，如果想做真正外國人搭配炸物的塔塔醬，也很方便。

　　自製塔塔沾醬的材料有酸黃瓜切碎½大匙、白煮蛋的蛋白切碎1大匙、洋蔥切碎½大匙，美式美乃滋3～4大匙，混合調勻即可。

材料
明蝦8隻、麵粉⅔杯、蛋2個、麵包粉2杯

調味料
鹽、胡椒粉適量

做法

1. 明蝦沖洗後剝殼，抽掉腸砂和腹部下的白筋，由背部劃一刀成為一片，撒下調味料，略醃一下。

2. 蛋打散；麵粉和麵包粉分別放在2個盤子裡。

3. 明蝦先沾麵粉，再沾蛋汁，最後沾滿麵包粉，備炸。

4. 鍋中4杯炸油燒熱至140℃（7分熱），改成中火，放入明蝦，炸約1分鐘，改成大火，再炸15～20秒左右（如果家中爐火不大時，可將明蝦先撈出，把油燒熱，再放下明蝦，以大火炸酥）。

5. 見明蝦已呈金黃色，撈出，在漏杓上放一下，瀝乾油漬，或放在紙巾上吸掉一些油分。裝盤上桌，盡快食用。

茄汁明蝦

平常時候燒茄汁明蝦，媽媽會把明蝦切成兩段來燒，但是過年時就是整隻的燒，讓大家吃個過癮。燒傳統上海式的茄汁明蝦，會以蔥屑、薑末去爆香，再搭配一些甜酒釀一起燒。但是總覺得為了1大匙的甜酒釀，而去買一瓶，有些浪費，後來又因為看過日本相撲為了增加體重而吃甜酒釀的報導，而不敢吃它，所以就不放了。

因為明蝦本身蝦肉鮮美，我爸爸最愛的就是拿明蝦包餃子，我總覺得那時候的明蝦大概是野生的，特別鮮甜，現在養殖的就差多了；或者因為現在生活富裕了，吃得多了就不稀奇了，人真是很矛盾的。

▌材料
明蝦8隻，洋蔥1個、大蒜2粒

▌調味料
酒1大匙、番茄醬3大匙、糖2茶匙、鹽½茶匙、太白粉水適量

▌做法
1. 明蝦首先剪除頭尖部分（從蝦的眼睛連前面一段），再剪去尾尖部分與腳。在蝦背上剖開一道刀口，抽出腸砂，然後洗淨、瀝乾。
2. 洋蔥切條；大蒜剁成末。
3. 在炒鍋內先燒熱4大匙油，放下全部明蝦（入鍋時要將每隻蝦彎曲放下），將鍋傾斜轉動，務使每隻明蝦均能被油煎到，待一面呈紅色後便翻轉一面再煎。見明蝦全部煎紅後，盛出。
4. 放下洋蔥及大蒜炒香，待洋蔥微軟後，淋下酒並放入番茄醬炒香，加鹽、糖及水1杯，用大火煮滾。
5. 放入明蝦同燒，燒至明蝦已熟透，淋下調水之太白粉，提起鍋子搖轉勾芡，使汁黏稠即可裝盤。

松子鮮蝦鬆

在餐廳吃到的蝦鬆下面墊底的多半是油條，我嫌它太硬，所以我都是用傳統「生菜鴿鬆」的炸米粉來墊底。學生怕用太多油去炸，剩下的油沒地方放，這也是現在我越來越少教炸的菜式的原因。其實炸的食材有它的酥脆和香氣，很多孩子愛吃，外面賣的油炸食物因為不知道店家使用什麼油而不放心，所以要吃炸物還不如自己在家炸。

省油的方式是用一個口徑不是太寬的鍋子，放2～3杯的油就有一個深度，可以少量分次來炸，剩下的油可以買一個油罐子儲存，炒菜時再分次用掉。

如果用油條墊底，要把油條分開成兩條，再切成薄片，放入烤箱中烤脆來用。

▌材料

蝦仁300公克、松子半杯、洋菇8粒、筍（煮熟）1小支、洋蔥屑2大匙、芹菜末3大匙、米粉1小片、西生菜1球

▌調味料

（1）鹽¼茶匙、太白粉1茶匙、蛋白1大匙

（2）鹽¼茶匙、水3大匙、太白粉水½茶匙、麻油少許

▌做法

1. 蝦仁洗淨，擦乾水分，切成小丁。用調味料（1）抓拌均勻，醃20分鐘以上。

2. 洋菇和筍分別切成小薄片。松子用4分熱的油，小火慢慢炸至微黃或放入烤箱以160℃烤黃。

3. 準備炸油，將油燒至10分熱，放下米粉快速炸至膨起而香酥。盛出放盤中，盤中先墊一張廚房紙巾吸油。

4. 倒出油，讓鍋中僅剩2杯左右的油量，放下蝦仁炒熟，撈出，瀝淨油。

5. 倒出油，僅用2大匙油炒香洋蔥屑，放入洋菇和筍片，加鹽和水炒勻，再加入蝦仁和芹菜末拌勻，淋少許太白粉水勾薄芡，滴下麻油。

6. 裝盤後撒下松子。附上剪成圓形的西生菜包食。

Tips ✎
- 西生菜要在蒂頭處剪一圈刀口，抽出蒂頭，將菜拍鬆，便可將西生菜一葉一葉的取下，再剪成圓形，泡入冰水中冰鎮 5 分鐘，瀝乾水分再擦乾一點即可。

鮮蝦粉絲煲

　　鮮蝦粉絲煲是最容易準備及快速上桌的年菜，當然同樣做法，我們還可以做「螃蟹粉絲煲」，但是螃蟹要活殺才好吃，在過年的時候市場休市，比較不容易買到活螃蟹。在調味料中我們如果不用蠔油和醬油、而改加咖哩粉和鹽及糖，就變成咖哩口味的鮮蝦粉絲煲了。

　　「粉絲」是我常用的小乾貨，我用中農粉絲廠出的粉絲、寬粉條和粉皮來做許多菜。以前常說粉絲要純正綠豆澱粉來做，但是為了滿足現代人喜歡較爽滑口感的粉絲，還改良在綠豆粉之外添加馬鈴薯澱粉。有一次中農的老闆王天實先生送了我一包純綠豆澱粉做的粉絲給我嘗嘗，口感真的不同！

材料

草蝦300公克、粉絲3把、蔥6支、薑6片、大蒜2粒

調味料

酒1大匙、醬油1大匙、蠔油1大匙、糖½茶匙、鹽¼茶匙、胡椒粉¼茶匙

做法

1. 蝦洗淨、抽去腸砂、修剪好、在蝦背上剖一刀口。

2. 粉絲用溫水泡軟、略剪短、用水沖洗2～3次，洗去一些澱粉，放在砂鍋中；蔥切成5～6公分長段；大蒜剁碎。

3. 另用一只鍋子，起油鍋爆香蔥段和薑片，待焦黃有香氣時，再放下大蒜末炒香，放入蝦子、大火爆炒數下。

4. 淋下酒等調味料，並加入熱水約1½杯煮，將汁先煮滾倒在粉絲中，煮1分鐘。

5. 在將草蝦排在粉絲上，蓋上鍋蓋，大火煮至湯汁將要收乾，翻拌一下即可關火、上桌。

Tips 🖉　• 做粉絲煲要留多一點的湯汁，以免上桌後粉絲再膨脹，吸乾湯汁就黏在一起了。

蔥燒蝦籽海參

▌材料

刺參或一般海參4條、蝦籽1大匙、花椒粒1大匙、蔥4支、薑片2片

▌出水料

蔥2支、薑2片、酒1大匙、冷水4杯

▌調味料

醬油3大匙、紹興酒1大匙、鹽¼茶匙、糖2茶匙、清湯1杯、太白粉水適量

▌做法

1. 海參用出水料煮滾，改小火煮5～10分鐘，撈出，打斜切成大片，也可以不切，整條來燒。

2. 蝦籽在乾鍋中以小火炒香，盛出。

3. 鍋中用2大匙油爆香花椒粒，撈棄花椒粒，做成花椒油後，盛出。

4. 另用2大匙油爆香蔥段和薑片，放入海參略炒，淋下酒、醬油、鹽、糖及清湯，煮至海參已軟，用太白粉水勾芡，淋下花椒油並撒上蝦籽即可裝盤。

Tips 🖊

• 海參中的刺參，品質，口感均好，尤以日本關東刺參為上品，近十幾年數量在減少、價格上升數倍。

海參的發泡法

1. 將海參放在大砂鍋中，加冷水浸泡半天或一夜，刷洗乾淨。
2. 換多量清水煮滾，煮滾後關火，燜至水全部冷透，約1天。
3. 換水再煮一次，待水冷後，剪開腹腔，略為為清一下腸沙。
4. 再換水煮一次，燜至水冷，此時海參已漲大許多，如海參已夠軟，換水泡在鍋中，放置冰箱內，再放2～3天會漲發的更大。
5. 如果海參需要切片時，要打斜刀片切，才會使海參片大又光滑，口感好。

金銀生滿盆

　　這道菜和媽媽做的「全家福」很類似，只是材料減少了，像蝦子、雞肉片、金華火腿和切片的如意蛋捲，我把它稍微簡化些，用我家過年必備的蛋餃代替蛋捲，但是仍以海參為主。

　　從前媽媽在過年前幾天都要發上20～30條海參來吃，海參容易發泡，雖然說要個5～6天，但是只是煮滾了關火燜著，一天天看著它長大，非常有成就感。發泡和保存時切記要避開油，沾到油海參就融化縮小了。加水冷藏，可保存10天，但要每天換水，吃不完就加水去冷凍。烹調前才出水去腥。海參要斜刀片切成大片，漂亮且口感好。

　　媽媽說以前海參是野生的，富貴人家坐月子的產婦，會一天吃一條海參補身子。現在大陸東北在養殖刺參，價格比日本參便宜許多。我先生從大陸帶回許多細小如蠶寶寶般的海參，我把它們發泡了、切成丁，每天早餐加1大匙在我的咖啡中來補充膠質，QQ的海參如蒟蒻般的口感，喝起來倒也不錯，享受一下富貴人家的養生之道。

材料

海參3～4條、水發魷魚半條、絞肉150公克、蛋3個、香菇4朵、筍1支、豌豆片數片或綠花椰菜數朵、熟胡蘿蔔片8片、清湯2杯、蔥2支、薑4片

調味料

（1）醬油1茶匙、鹽少許、太白粉1茶匙、水2大匙、麻油少許
（2）酒1½大匙、醬油½大匙、鹽適量、太白粉水適量、麻油數滴

做法

1. 將海參腹腔內的腸砂清洗乾淨，放入鍋中，加清水3杯、蔥1支、薑2片和酒1大匙，煮滾後改小火煮5～10分鐘（視海參硬度而定），取出沖涼。打斜切成大片。

2. 絞肉先剁細，加入調味料（1），攪拌均勻。蛋打散、用約一大匙的蛋汁做成蛋皮，包入肉餡，做成蛋餃。

3. 魷魚切交叉刀紋，再分割成適量大小，用滾水燙熟，撈出、泡冷水中。

4. 香菇泡軟、切片；筍煮熟、切片；豌豆片摘好。

5. 鍋中用2大匙油爆香蔥段、薑片後放入香菇、筍片和胡蘿蔔片先炒，香氣透出後淋酒加醬油和清湯，煮滾。

6. 改中火、放入豌豆片、海參和蛋餃，調味後勾芡，最後放入魷魚捲，滴下麻油即可。

Tips 🖊 • 蛋餃的詳細作法請參照本書第54頁的金銀海鮮鍋。

烤方煨烏參

可以不加海參直接做烤方，烤應該是燒的通俗稱法，上海人稱長時間燉煮出來的菜式叫「燒」，例如蔥燒鯽魚、燒菜一類。配上活頁夾或切開的活頁麵包夾著烤方吃，也有飽足感。

海參本為無味的食材，要借助其他食材的鮮味或香氣，例如福建菜中也有用子排來燒海參的菜式。這道菜要收汁到濃稠或者用少許太白粉水勾芡，是道地的濃油赤醬的上海菜。

材料

五花肉一方塊（約700公克）、海參3條、青蒜絲1撮

調味料

（1）蔥2支、薑2片、八角1粒、酒2大匙、水5～6杯

（2）醬油½杯、紹興酒¼杯、老抽醬油1茶匙、冰糖2大匙、煮肉湯汁2～3杯

（3）酒1大匙、蔥1支、薑2片、冷水4杯

做法

1. 五花肉整塊燙煮2分鐘，取出洗淨。再放入湯鍋中，加調味料（1）煮1.5小時。
2. 將五花肉移至蒸碗內（皮面朝下），加入調味料（2），肉汁要蓋過肉的厚度⅔左右，上鍋蒸2小時以上至肉夠軟爛。
3. 海參洗淨腸砂，放入鍋中，加調味料（3），煮滾後改小火煮至海參已軟，取出。
4. 將肉汁倒入炒鍋中，再小心的將蒸好的五花肉皮面朝上放入鍋中。
5. 海參也放入肉汁中，用中大火來熬煮、收汁，邊煮邊將湯汁淋在肉皮上，將湯汁收到約剩⅔杯，汁濃稠又光亮。
6. 海參和烤方盛放在盤子上，淋上肉汁，撒上青蒜絲上桌。

翡翠筋鮑

　　我們一家人都是鮑魚的愛好者，尤其過年，一定要開一罐車輪鮑來打牙祭。罐頭鮑魚有很多種品牌，宜挑選有信譽者，其中以墨西哥的車輪鮑最佳。搖動罐頭時，不要有太多水晃動的聲音，水多表示鮑魚容量較少。需要再經過燴煮的鮑魚不用買太貴、太好的，一般口感不錯的即可。現在有真空包裝、調過味道的亦可，只是顏色太深不好看。

　　鮑魚罐頭中的湯汁可以利用，但也不要全部都用，以免太鹹。蹄筋出水的時間依其軟硬度而定，不要煮太軟沒有口感。

　　車輪鮑一罐中，只有一大個的加小半個的為最佳，我們常常只是切片來吃，罐頭汁來煮燴飯。

▌材料
罐頭鮑魚或真空包裝鮑魚½罐、蹄筋8支、杏鮑菇3～4支、綠蘆筍4支、蔥2支、薑4片、清湯2杯

▌調味料
酒1大匙、蠔油1大匙、糖少許、鹽適量、太白粉水適量、麻油少許

▌做法
1. 鮑魚切成有一點厚度的寬片狀。
2. 蹄筋整支放鍋中，加蔥、薑、酒和冷水4杯，煮滾後再煮2～3分鐘，取出沖涼，分切成兩段。
3. 杏鮑菇斜切成0.2公分片狀。綠蘆筍削去老硬外皮，斜切段。兩者分別用熱水（水中加少許鹽）汆燙一下，撈出沖涼。
4. 鍋中熱油2大匙，爆香蔥段、薑片，放下蹄筋、綠蘆筍和杏鮑菇炒一下，淋下酒和清湯，煮滾後調味並勾芡，放入鮑魚片即關火，攪拌一下，滴下麻油即可盛出。

火腿雞絲燴翅

魚翅在傳統四大乾貨——燕、翅、鮑、參中，僅次於燕窩，是酒席中掛頭牌的乾貨類。現在為了求方便快速，已有販賣海產的店家將魚翅發泡至半成品，冷凍出售。但仍然偏硬，買回來還是要先加水蒸，以便去腥，再加高湯蒸過。頭一次蒸的高湯仍有腥氣，還是要倒掉，第2次的高湯就可以用了。

近年由於環保人士的呼籲，已經有許多人拒吃魚翅，像我們家女兒小時候每逢過年必有魚翅，現在也已經把魚翅列入拒絕往來戶了！但是不可諱言，魚翅在學習中國菜的做法中還是一種不同的技術，大家可以當成資訊來閱讀。

▌材料

魚翅300公克、雞胸肉200公克、熟火腿絲2大匙、綠豆芽200公克、高湯4杯、蔥3支、薑4片

▌調味料

（1）鹽¼茶匙、水1大匙、蛋白1大匙、太白粉½大匙
（2）酒1大匙、蠔油1茶匙、鹽適量、白胡椒粉少許、太白粉水1大匙

▌做法

1. 若選購已發泡好的魚翅，則需要先出水去腥。魚翅放大碗中，加水蓋過魚翅，再加蔥段、薑片和酒1大匙，煮滾後改小火蒸30分鐘，倒去水。

2. 出水後要用高湯2杯來蒸（湯中加酒及蔥、薑），蒸30分鐘後倒掉高湯，換新的高湯再蒸，蒸的時間視魚翅本身軟硬而定。中火蒸至魚翅夠軟，瀝出魚翅，湯汁留用。

3. 雞胸肉切細絲，用調味料（1）拌勻醃30分鐘以上。

4. 綠豆芽摘去頭尾成銀芽。煮滾3杯水，水中加少許油和鹽，放下銀芽快速燙至脫去生味即撈出。

5. 鍋中將1杯油燒至7分熱，放下雞絲過油炒熟，盛出，堆放在豆芽上。

6. 用1大匙油爆香蔥段和薑片，淋下酒和高湯2杯（蒸過魚翅的），煮滾後撈出蔥、薑，放入魚翅再煮滾，調味並勾芡，淋在雞絲上，再撒上火腿絲即可。

三絲魚翅羹

　　「三絲魚翅羹」是媽媽在烹飪班教課時就曾經教過的一道湯菜，也是我們姊弟盼望在學生分完、有剩下的情況時，助教可以拿來給我們嘗嘗的一道美味。那時候只是覺得魚翅是很珍貴、很難得吃到的稀奇物。其實魚翅本身沒有味道，在發泡時又很腥氣，完全要依靠好的高湯和配料來襯托。

　　這道湯不但要有好的雞高湯，還要經過酒香的嗆鍋，再配上筍子的脆口、香菇的香氣和金華火腿的畫龍點睛、才能成就它的美味。環保意識抬頭，我已經不再教這道菜了，難得過年把它拿出來回味一番也不為過吧！

▎材料
魚翅（散翅）400公克、雞胸肉1片、冬菇5朵、筍1支、火腿1小塊、蔥1支、薑2片、香菜1撮、高湯6杯

▎煮魚翅料
蔥1支、薑2片、酒1大匙、水4杯

▎調味料
酒1大匙、醬油1大匙、鹽適量調味、太白粉水適量

▎做法
1. 魚翅放入鍋中，加煮魚翅料煮20分鐘，水倒掉，再加3杯高湯煮約20～30分鐘、至魚翅夠軟。

2. 雞胸肉燙一下後加入熱水中煮熟，待全冷後切成細絲；香菇泡軟，切細絲；筍煮熟，切成絲；火腿放在小碗中，放入電鍋，外鍋加½杯水蒸熟，並切成很細的絲。

3. 鍋中用3大匙油煎香蔥段和薑片，淋下酒，並立刻加入6杯高湯嗆鍋，放入冬菇絲和筍絲煮5分鐘，撈棄蔥段和薑片。

4. 加入雞絲煮滾，再加入魚翅一滾即以醬油及鹽調味，淋下太白粉水勾芡。

5. 倒入大湯碗中，撒下火腿絲和胡椒粉即可上桌。可以放一撮香菜在湯上。

第六章

香腸、臘腸
與臘味飯

進入臘月，就開始準備過年了。臘肉、臘魚、臘腸、火腿等，將食物韻味全都濃縮了，烹調後，香氣撲鼻，一聞到臘味香，年節就近了。

香腸、臘腸與臘味飯

───────◆───────

　　過年前灌香腸，在我小時候可是件很重要的事。看媽媽把一大盆調好味、再拌勻的肥、瘦肉丁，塞進腸衣裡，每10公分1節，長長的一大條，總有個1～2公尺長吧！媽媽總讓我們這些在旁邊看眼的小孩，拿牙籤在香腸上，扎上一些小針洞，說這是讓肉裡面的空氣透出來，然後拿曬衣服的竹竿掛起來，放在陰涼處，慢慢風乾（想想這也許和現在流行的風乾熟成，是一樣的道理吧！）。

　　每次灌香腸總要晾個10天、半個月的，期間最重要的事，就是防備貓兒來偷吃。媽媽總是叮嚀我們：「小心幫忙看著有沒有貓來偷吃啊！」這樣提心吊膽的挨到過年，年夜菜裡就會有美味的香腸吃了。我天生愛吃肉，所以香腸一直是我的最愛。

　　隨著經濟改善與文化交流，各種調味與餡料的香腸陸續出現，包括加入豆腐的豆腐香腸、麻辣香腸、口味偏甜的台式香腸等等，其中廣式的肝腸與臘腸是我的最愛，尤其要道地香港人做的更好吃。所以早年無論是家人或朋友到香港去，能偷帶幾條臘腸、肝腸回來給我，就能讓我用「感激不盡」來表達謝意了。而用肝腸、臘腸與臘肉蒸出來的臘味飯，更是媽媽晚年幾次跟我只有兩人一起吃年夜飯時，會特別為我準備的年夜饗宴。

　　媽媽寵兒孫是出了名的，從小就怕我不吃飯會瘦弱，總變了花樣做好吃的菜給我吃，就算我年長了，也總會時時問我想吃什麼？那是媽媽疼愛兒孫與老公的方法吧！總要花盡心思做些好吃的，讓大家吃的開心。

　　這些年看著我大姊，每逢過年前，總追著兒子、老公問，過年想吃什麼？我更能深刻體會到：原來女人常常是用廚藝來表現她們的愛。

程顯灝

粵菜主廚鄧相合說港式臘味

　　農曆 12 月俗稱臘月。「臘」在遠古指得是「冬季的祭神敬祖」，因在十二月舉行，故稱之為臘月。臘月為中國人最忙的一個月，其中自製臘味，也是個例行活動。前中泰賓館主廚鄧相合，現在自營祥發茶餐廳，入行 50 年的他，雖然不親手做臘味，但回憶起童年媽媽在臘月做臘味的忙碌情景，還是記憶猶新。

秋風起，自製臘味風乾最應景

　　鄧師傅說到，廣東人在臘月期間，常會自製包括臘鴨（油鴨）、臘肉、臘腸（油腸、白腸、肝腸）和金銀潤……等各種臘味。其中的金銀潤，作法特別，是在鴨肝中塞入肥豬肉後臘制而成，做成條狀或牛角狀，可切片佐飯，但因近代人講究健康，已經少見。

　　臘味之所以受歡迎是因為好吃、香氣足，用途很廣。可以煲飯、炒飯、蒸飯，或是搭配青菜炒，炒芥藍、炒蒜苗；或者蒸雞、做芋頭臘味煲、雞煲，端看廚師如何巧妙運用。臘味之所以選在 12 月臘月製作最好，是跟氣候有關係。

　　廣東一帶，12 月少雨，所以有種說法：北風起、吃臘味，秋風起做成的臘味才會香。一般人家做臘味，就是把食材用鹽醃好，掛在陰涼的地方，不要被太陽直接曬到，風乾；遇到接連下雨或陰天，就改在室內用炭烘焙，像是煙燻一樣。但兩者相較之下，鄧師傅說還是風乾的臘味比較香。

　　冬天時，喜歡以廣東東莞的白鴨來做油鴨。廣東東莞油鴨與江西南安油鴨齊名，前者肥白肉厚，口感甘飴香醇；後者鴨肉扎實，肥瘦均勻，早年人們因為工作多勞動，辛苦，肥油竟比瘦肉更受人們歡迎。製作油鴨前，會把鴨子養三個月，養到肥滋滋的再製作，先宰殺、清洗鴨子後，用適量的鹽醃，太鹹不行，不夠鹹則會生蟲。鹽醃一、二天後，再風乾。

比例好，臘味口感滑潤又可口

　　早年的人家，因為沒有冰箱，所以透過自製臘腸保鮮。鄧師傅回憶童年，重陽節拜祭祖先後，太公會將不論部位的祭品中的豬肉分送給各房，因為當時沒有冰箱，媽媽就會拿這些豬肉做臘腸。一般來說，製作臘腸多選用半肥瘦豬肉，尤以五花肉為宜；若是生意人，則會挑選肥瘦適中，半肥瘦是最好，太瘦口感硬。

　　肉的挑選看個人，最好的比例是 2：8，肥 2 瘦 8，但有人喜歡 3：7，也有人喜歡 4：6，肥瘦比例左右香味及油味。

　　此外，臘腸所用的肉是用手切、剁的或使用機器絞肉；肉的形狀是切成粒或切成丁；肉與調味料是手工拌和或是機器拌，都會影響口感。手工製作的口感好，但費時費工。此外風乾時間、調味料，還有使用的酒等，都會影響口感，像是鄧師傅家常用的玫瑰露，做成的臘肉不油膩，有香味。香港的老字號茶樓到現在都還會自製臘腸，師傅們灌好就在頂樓陽台，撐起竹竿，掛起來，曬著一條條讓人垂涎欲滴的臘腸。他們憑經驗，聞、看、摸，就可以清楚判斷肉質。

　　除了臘腸，鄧師傅的媽媽也做肝腸，多是用雞肝、鴨肝，較少使用豬肝。選用鴨腸做腸衣，洗乾淨後，把打碎的雞肝、鴨肝或豬肝，加點肥肉，灌到腸衣內。肥肉的作用很大，除了能增添滑順口感，風乾時會有香氣、美味。

　　不過隨著時代、環境和氣候的變化，現在大多數人做臘味，都改用烘焙，做出來的成品香氣就不如風乾法來得好。鄧師傅推薦可以買到香港人做的純正感臘味有「廣東皇上皇燒臘臘味」以及「美豐肉舖」。挑選臘腸時要注意看肉色鮮紅、明亮的比較好，也不能碰過生水，避免容易變質的疑慮。

學做台式香腸

材料

豬前腿肉的絞肉（粗）1.5公斤、豬油（粗）
225公克、豬腸衣1條、水200公克

調味料

白砂糖150公克、味精25公克、鹽8公克、
純糖粉10公克、亞硝酸5公克、玉米粉8公
克、五香粉2公克

工具

漏斗1個，棉繩、筷子

成品分量

約30條

▌做法

做法示範影片

1. 先將調味料和水充分融合，接著下豬絞肉，續加豬油後，再次攪拌。

Tips 🖊
- 喜歡油一點的，可以多放些豬油。
- 台式香腸口味偏甜。

2. 見水分與材料、調味料充分混合後，放進冰箱冷藏6～8小時。

3. 從冰箱拿出冷藏後的香腸原料，準備腸衣。

Tips 🖊
- 豬小腸腸衣可在傳統市場的豬肉攤購買。

4. 將腸衣的一端打結，另一端開口套在漏斗口上，並把全部腸衣慢慢收攏集中到漏斗口，一邊灌入豬絞肉、一邊慢慢放開腸衣，適時用筷子將絞肉推進腸衣，直到全部灌完。

5. 可以邊灌邊分節，也可以全部灌完再分節。在分節處綁上一小節棉繩以固定。灌的時候如果有空隙產生，可以用針刺個小洞，把空氣排出。

6. 灌好的香腸，可放在通風處晾，風乾1～2天，可以定型，也能讓調味入味，有香氣。

（蔡洪吉示範）

傳統臘味飯

材料

廣東臘腸2支、廣東肝腸2支、長米2杯、水2½杯、青江菜3棵

調味料

紹興酒1大匙、蠔油1大匙、糖2茶匙

做法

1. 臘腸及肝腸洗淨，先切成兩半，放在深盤中，加紹興酒泡半小時，泡時要翻動2、3次。

2. 將肝腸及臘腸放入鍋中蒸20分鐘至熟，取出，切上刀口。湯汁留用。

3. 米洗淨後放進鑄鐵鍋中，加2杯半的水，蓋上鍋蓋，大火煮滾，煮約4分鐘，待水半乾時（看到飯眼）擺上肝腸及臘腸，改成中火，蓋上鍋蓋，再煮約4分鐘，關火，取出臘腸及肝腸。

4. 蓋好鍋蓋，將飯再燜30分鐘。待臘腸略涼，切成片，再放回飯上。

5. 將蒸肝腸的汁調上蠔油及糖，淋在飯上，再放上炒過的青江菜，趁熱拌食。

簡便臘味飯

材料
廣東臘腸2支、肝腸1支、白飯3碗、芥蘭菜2支

調味料
淡色醬油1大匙、糖1茶匙

做法

1. 臘腸和肝腸蒸熟，湯汁留用。

2. 將兩種香腸切成小丁，和白飯拌在一起，淋下蒸汁和調味料再拌勻，盛放到容器中。

3. 放入電鍋或蒸鍋中再蒸10～15分鐘，取出，放上燙過的芥蘭菜（燙時水中加少許鹽和油）。

 Tips
- 廣式香腸較硬，挑的時候應先看顏色，肥肉的部分不可發黃，發黃表示不新鮮；同時應聞一下香氣是否足夠，外表則應乾爽不油膩。
- 傳統做臘味飯是用廣東香腸。除臘腸、肝腸外，還有臘肉、金銀肝，可隨個人喜好搭配。

生菜臘味鬆

▌材料

臘腸3支、肝腸2支、雞胸肉½片、新鮮香菇4朵、荸薺8粒、青豆仁½杯、黃甜椒半個、洋蔥¼個、西生菜葉1球

▌醃雞料

鹽¼茶匙、水1大匙、太白粉1茶匙

▌調味料

酒1½大匙、醬油2大匙、清湯或水6大匙、鹽¼茶匙、糖½茶匙、麻油少許、胡椒粉少許、太白粉水適量

▌做法

1. 將臘腸和肝腸刷洗乾淨（可以用溫水先泡軟一點），上鍋蒸15分鐘至熟，分別切成0.5公分小粒。
2. 雞胸肉也切成小丁，用醃雞料拌勻，醃15分鐘。
3. 新鮮香菇、荸薺、黃甜椒及洋蔥分別切丁備用。
4. 用油3大匙炒熟雞肉後加入臘腸丁和肝腸丁炒一下，再加入香菇、洋蔥、荸薺和青豆同炒，淋下酒與醬油和清湯，炒至乾鬆。
5. 撒下鹽、糖和胡椒粉調味後、再拌炒均勻，淋下少許太白粉水、並滴下麻油，略加拌合即可熄火。盛放到盤中。

 Tips
- 臘味可以儲存較長的時間，冰箱有空位時，可以放入冷凍或冷藏；但因為台灣天氣較濕熱，怕會產生油耗味。
- 臘味鬆是媽媽想出來的一道年菜，是另類的臘味吃法，其中加入的配料可以隨家中剩餘的食材來決定，胡蘿蔔、筍子、各種菇類都無妨。

菠菜炒臘肉

材料
湖南臘肉一塊，約200公克、菠菜450公克

調味料
酒少許、鹽適量調味

做法
1. 將整塊臘肉放進電鍋蒸25～30分鐘，取出待涼後切片。
2. 菠菜洗淨、瀝乾、切段；蔥切段。
3. 鍋中加油1大匙，放下臘肉以小火炒至香氣透出，改大火放下菠菜同炒，淋少許酒烹香，炒至菠菜略回軟，加鹽調味即可盛出。

Tips 🖊
　　• 很多人聽說我們家用菠菜來炒臘肉，都說想像不出它的味道，其實菠菜味淡，很會吸附臘肉的香氣，兩者非常搭配呢！

高麗菜炒臘肉

▌材料

湖南臘肉或臘腸一塊，約150公克、高麗菜300公克、大蒜2粒

▌調味料

酒1大匙、鹽適量

▌做法

1. 生的臘肉或臘腸先切片；高麗菜撕成小塊或切成寬條；大蒜切片。

2. 鍋中放極少量油，放入臘肉或臘腸，炒出油來，且把臘肉炒熟，盛出。

3. 放入大蒜片爆香，放下高麗菜，帶少許水，以大火炒至高麗菜微軟化，放回臘肉，加少許鹽調味，炒勻即可盛出。

台式香腸炒青蒜

材料
台式香腸3條、青蒜2支、紅辣椒1支

調味料
淡色醬油1茶匙、鹽少許

做法
1. 香腸整條蒸熟，約10分鐘、取出、略涼後切片。
2. 青蒜切斜厚片；紅辣椒不希望辣時，可以去籽切片。
3. 鍋中放油1大匙，放下香腸再爆炒一下，加入青蒜炒合，加入調味料和3大匙的水，大火快炒一下，使味道融合，加入紅辣椒。汁收乾後、盛出。

Tips
- 臘肉、臘腸或香腸都可以生炒或者整塊蒸熟了再來炒。蒸熟再切片，肉片較平整，記得蒸出來的肉汁要倒入菜中同炒才香。

台式香腸炒飯

▌材料

台式香腸2支、蛋2個、洋蔥丁
2大匙、冷凍青豆2大匙

▌調味料

鹽、白胡椒粉各適量

▌做法

1. 香腸切成片或大一點的丁。

2. 起油鍋，用2大匙油將蛋炒成碎片狀，盛出。

3. 另用1大匙油爆香洋蔥屑和香腸丁，待香氣透出且香腸已熟時，放下白飯炒勻、炒熱，放入蛋和青豆仁，加鹽調味，再加以炒勻，起鍋前可撒下胡椒粉增香。

Tips 🖊 • 台式香腸通常較軟，沒有風乾太久，因此最好冷凍保存。因為軟且有肥油，適合烤來吃。

第七章

餑餑與糕

在記憶裡，尋一口兒時的傳統糕點味。回味曾經
的過年歡樂，媽媽親手做，孩子們在一旁等待出爐的
模樣，歷歷在目；餑餑、紅豆鬆糕、蘿蔔糕……，讓
我們從舌尖感受年味。

棗餑餑、糕餑餑和豆餑餑

眾起餑餑，一直是記憶中最有年味的食物了。

我家過年期間，最常見的有棗餑餑、糕餑餑和豆餑餑。棗餑餑就像是超級大的白饅頭，大到剛蒸好打開蒸籠時，饅頭發起來的大小，就跟大蒸籠一樣大；雪白光亮，美極了。這時往往會讓姊姊們跟我，響起一片歡呼與讚嘆聲，媽媽的臉上也會露出欣慰的笑容。也因為棗餑餑超級大、費工又費時，所以一年只會做四個。

從一大清早起來就用大臉盆來發麵，要發三、四大盆的麵糰。等麵發好，再來就是我開始我一年唯一在廚房的工作——揉麵，當一臉盆的麵糰揉到又光又亮時，就轉交給媽媽加工揉成型，然後在光亮的表面，用媽媽兩根小指的指甲，挑起一個個如小橋般的孔（我們戲稱它叫鼻子）；然後細心的姊姊們，會將媽媽切好的小紅棗片，小心翼翼地插入鼻子裡。所以可以想見，跟蒸籠般大小的白饅頭上，嵌著十字型的紅棗，白白紅紅，在掀起蒸籠蓋的一剎那有多美。通常等四個大棗餑餑蒸好，都要到晚上吃完晚飯了。

糕餑餑和豆餑餑，則是將年糕跟紅豆泥餡包在饅頭裡。單純包著紅豆泥餡的就叫豆餑餑；年糕包著紅豆泥餡，再包進麵團裡就叫糕餑餑。那時一家七口，各有所好，過年期間每頓飯，都要蒸些餑餑來配著菜吃。

有了餑餑不但方便，就算臨時朋友來拜年，再多加熱幾片棗餑餑或糕餑餑、豆餑餑，也就夠吃了。

　　這些年節限定的習俗，隨著年齡漸長，爺爺奶奶去世，大年初三的家庭聚會不再，漸漸也從簡了，就成為記憶中對年菜最懷念的一部分。近年來，有一些饅頭店在過年期間，偶而會看到那看似熟悉，卻是插滿粗粗的整顆紅棗的餑餑，沒有小時候媽媽做的那麼大，插滿了棗又沒有媽媽插的美，始終沒去買一個嘗嘗，那份屬於我們家的獨特記憶，屬於媽媽的記憶，就讓它保留在那裡吧！

程顯灝

棗餑餑

▌材料

中筋麵粉600公克、白糖1茶匙、乾酵母1½茶匙、溫水約2杯、紅棗數粒

▌做法

1. 用溫水融化糖後，再加入酵母粉，攪勻後倒入麵粉中、揉成麵糰後蓋上蓋子、夏天醒2～3小時、冬天約4～6小時。

2. 紅棗泡水，切成片。

3. 已發好成約2倍大小的麵糰，取出後，分成兩份、放在麵板上。

4. 用½杯的乾粉來揉一份麵粉，揉至乾麵粉全被吸收入麵糰中。將麵糰整形成半圓形。

5. 用2隻小指頭挑起麵糰上的一小麵糰、挑成細長型，插入一片紅棗，放入已墊了濕布或烘焙紙的蒸籠中，醒30～40分鐘，若夏天做，則只需醒25～30分鐘。

6. 水滾後放到蒸鍋上，蒸25～30分鐘。

7. 熄火後1分鐘再掀開鍋蓋，取出即可。

（陳盈舟老師示範）

糕餑餑和豆餑餑

材料

中筋麵粉3杯、乾酵母粉1茶匙、溫水1杯、糯米粉1½杯、紅粉少許、糖2大匙、開水3大匙、冷水適量、紅豆餡300公克

糕餑餑

做法

1. 同棗餑餑做法相同，先做好發麵，分成12份，可做6個糕餑餑和6～7個豆餑餑。
2. 大盆內放入糯米粉、紅粉和糖、加入適量的水，調成較硬的糯米粉糰、分成6份。紅豆餡分成12份，搓成圓球形。
3. 揉麵糰至光滑後，擀成圓形，糯米糰壓扁成比麵糰稍小的圓形，麵糰上面放糯米糰片，再放上紅豆餡，包起來後用手在靠頂端處捏合，收緊。
4. 放入蒸籠中，醒20～30分鐘（夏天15～20分鐘）。
5. 水燒開後放上蒸籠，蒸約25分鐘，熄火，待1分鐘後掀開蒸籠散熱，取出。

豆餑餑

做法

1. 將麵糰擀成圓形後，包入紅豆餡，收好口即可。
2. 醒20～30分鐘後，上鍋蒸20分鐘、關火，過1分鐘後開蓋取出。

（陳盈舟老師示範）

 紅豆餡做法

材料

紅豆300公克（量米杯2杯）、量米杯3杯的水、黃砂糖250公克、黑糖1大匙、麥芽糖1大匙

做法

1. 紅豆泡水1夜，放入電鍋中，外鍋中加1杯水，跳起後燜半小時，再蒸1杯水，跳起後再燜半小時。
2. 炒鍋中放入紅豆（連汁）和3種糖，炒至湯汁收乾，即為紅豆餡。

紅豆鬆糕

　　鬆糕是難度較高的江浙甜點。這次為了做鬆糕，特地走訪南門市場的上海合興糕糰店，承蒙老闆娘贈送鬆糕粉2斤，再參考媽媽數十年前出版的電視食譜，和陳盈舟老師研討許久，做出的成品效果還不錯，只是沒有店家做得那麼鬆。

　　據我再次觀察合興的師傅在做小鬆糕時，手勢非常輕，絕不能給鬆糕粉有壓力，喜歡的朋友可能要多練習幾次。豆沙做成圓形，但中間要留個圓型的空間，不然鬆糕在切片蒸時，尖角的地方就會斷裂。

材料
鬆糕粉750公克（糯米粉70%，蓬萊米粉30%）、
紅豆½量米杯、紅棗4粒、豆沙80公克

調味料
白糖300公克

做法

1. 以1½量米杯的水浸泡紅豆一夜，接著連水放入電鍋中，外鍋放1杯水，蒸至開關跳起，再續燜10～20分鐘。先取1粒紅豆嘗嘗，要是紅豆已熟、卻不能裂口的狀態。放涼、過濾出紅豆水。

2. 將鬆糕粉放入大盆中，慢慢加入紅豆水，一面加、一面用雙手搓弄抖鬆鬆糕粉，要使顏色均勻，水要適量慢加，加到適量的溼度，即鬆糕粉握在手中會成塊，放開又鬆散開。放置半小時。

3. 將白糖及瀝乾的紅豆拌入粉中，拌均勻。

4. 取一個直徑30公分的竹蒸籠，底下鋪一張烘焙紙，輕輕將鬆糕粉放入蒸籠內，至一半高時，將豆沙壓成薄薄一條、中間有缺口的圓形，擺在中間，再蓋上鬆糕粉、約3公分高，最好能滿到蒸籠口，用量尺輕輕撥除多餘的粉料，再擺上泡過水、切成片的紅棗。

5. 水滾後放入一個較大的蒸鍋內，大火蒸15分鐘，用竹筷子插入，看看是否會沾上鬆糕粉。沒有沾黏即表示熟了。取出放涼，吃時切片回蒸即可。

（陳盈舟老師示範）

蘿蔔糕

要討吉祥的好彩頭，現在大家都會不約而同地將白蘿蔔上貼張紅紙條或是綁上紅緞帶，這是因為蘿蔔在台灣發音是「菜頭」，有「彩頭」的諧音。所以過年時許多餐廳或個人攤販都會製作蘿蔔糕出售，每年都會收到好幾個蘿蔔糕。這道食譜中，陳盈舟老師做的是素的蘿蔔糕，一般店家還是以港式蘿蔔糕居多，可以仿照芋頭糕加入紅蔥酥、蝦米、臘腸來做。

蘿蔔糕一直以來多是蒸或煎著來吃，後來廣東餐廳推出用炒的、再加上XO醬添加香氣與鮮味。其實蘿蔔糕要煎或炒的漂亮並不容易，一定要非常有耐心，等一面煎硬了再翻面煎，否則就會煎的碎碎的。

▍材料
在來米600公克（舊米較好）、水5杯、白蘿蔔1公斤、香菇末1大匙

▍調味料
白胡椒粉1茶匙、醬油½大匙、鹽1茶匙

▍做法
1. 在來米洗淨、泡水約4～6小時後，以果汁機打成米漿。
2. 白蘿蔔以刨絲板刨絲，放入電鍋中蒸至8分熟。
3. 用2大匙油炒香香菇末，加入白胡椒粉、醬油及鹽，同時倒入熟蘿蔔絲炒勻，最後再放入米漿，炒成半生熟的糊狀。
4. 備一個不鏽鋼的模型，先抹上油後再倒入蘿蔔米漿，上蒸籠蒸40分鐘即可。

（陳盈舟老師示範）

芋頭糕

▌材料

在來米450公克（12兩）、水5杯、芋頭丁300公克、紅蔥頭片2大匙、蝦米1大匙（泡軟）、臘腸丁2大匙、肉丁或絞肉⅓杯

▌調味料

白胡椒粉1小匙、鹽1小匙、淡色醬油½大匙

▌做法

1. 在來米洗淨、泡水約4～6小時、以果汁機打成米漿。

2. 用3大匙油爆香紅蔥頭片，盛出紅蔥頭備用。

3. 用剩下的油炒蝦米、肉丁和臘腸丁，至有香氣後加入芋頭丁同炒，炒至芋頭半熟時，加入紅蔥酥與調味料，拌炒均勻後、倒入在來米漿，以小火炒成糊狀、約半熟狀。

4. 準備一個模型、抹上油後、再倒入芋頭米漿。蒸鍋的水煮滾，放入模型蒸40分鐘即可。（若以小型蒸籠做模型、可以先墊上一張玻璃紙、塗油後再倒入芋頭米漿來蒸）。

Tips 🖊
························

• 多數人喜歡芋頭的香氣，因此過年時常蒸芋頭糕，也是屬於比較台式的過年糕點。喜歡料多一點，可以自己斟酌添加；但是不能加太多、芋頭也不能切太大，以免在來米漿因凝結不住而裂開。用絞肉時、宜選用較瘦的小里肌部分來絞。

（陳盈舟老師示範）

甜年糕

　　女兒從小就愛吃炸的台灣年糕，我怕熱量太高，總是加以限制，還好只有過年時才買的到。哪像現在，一年到頭都可以買到年糕。婆婆是上海人，過年時要拜紅、白兩種顏色的上海式的桂花豬油年糕，那豬油年糕也可以切片炸來吃，但總是沒有黃糖年糕炸出來的香。

　　去年過年時，旅居美國已有十幾年的女兒興奮地說，她的小城裡的台灣店有賣台灣年糕，有些過年的氣氛了。我覺得有些應景的東西是要到了那個節慶，才有它的味道，吃起來也更有感覺。

▍材料
圓糯米（舊米）600公克、玻璃紙（蒸年糕紙）1張

▍調味料
黃砂糖300公克、黑糖2大匙

▍做法
1. 將糯米洗淨，泡水1晚（約6～8小時）。倒掉泡米水一半的量，剩下的米與水放入果汁機中、打成米漿。
2. 將米漿倒入棉布袋中，紮緊袋口，押上重物，壓乾水分，使之成為乾燥的米糰。
3. 將壓乾的米糰弄碎，加上黃砂糖與黑糖揉搓，揉至顏色均勻（糖均已融化），成為米糰狀。
4. 玻璃紙舖在蒸的模型中，再倒入米糰，上鍋蒸1個半小時。將筷子插入年糕中，不沾黏時即可取出，上面抹些油即完成。

Tips 🖊
* 蒸好的年糕抹油，是為了使表面油亮，且不易乾裂。若以快鍋來蒸，蒸 20 分鐘即可。蒸過的年糕要過一天，變硬一些才好切開。

（陳盈舟老師示範）

發糕

國人逢年過節都喜歡做發糕，代表發財興旺，所以市面上可以買到現成的發糕粉，用發糕粉調出來，蒸好了就是黃糖的顏色。食譜中用米做的是傳統的方法。不用紅麴米，做出來是白色的，不適合過年，所以會以紅色食用色素調水，點上3個紅圓圈。加了抹茶粉，就可以蒸出綠色的發糕；枸杞子可做出橘色的發糕。有空不妨動手做做，並不困難。

▌材料
蓬萊米300公克、水2杯、紅麴米40公克、麵粉4大匙、發粉（泡打粉）2大匙、小碗8個

▌調味料
糖粉1杯

▌做法
1. 蓬萊米洗淨、泡水4～6小時。
2. 倒掉泡米的水，另再加入2杯水及紅麴米一起放入果汁機中打成米漿（米漿要成為略有濃稠的狀態）。
3. 米漿倒入大盆中，加麵粉、發粉和糖粉，輕輕攪拌至溶解均勻。放置10分鐘。
4. 小碗中先抹上油，倒扣放在蒸籠中，將它蒸熱。趁熱取出，盛入拌好的米漿，大火蒸25分鐘即可取出。

 Tips
• 製作發糕，有人用在來米，有人用蓬萊米，口感各有千秋。在來米做的適合熱呼呼的時候吃，冷掉後會變硬；蓬萊米做的則可放涼吃，吃起來口感軟Q。將模型小碗先蒸熱，可以幫助發糕發的漂亮。

（陳盈舟老師示範）

寧式炒年糕

材料
肉絲150公克、雪裡紅400公克、冬筍1支、
寧波年糕600公克、蔥花少許、清湯1杯

醃肉料
醬油2茶匙、水1大匙、太白粉2茶匙

調味料
鹽適量調味

做法
1. 肉絲拌上醃肉料，醃10～20分鐘。筍子煮熟，去殼，切成細絲。
2. 雪裡紅漂洗乾淨，擠乾水分，嫩梗部分切成細屑，葉子部分稍微剁一下。
3. 寧波白年糕切片備用。
4. 先用3大匙油炒熟肉絲，盛出。再放入蔥花和筍絲炒一下，加入雪裡紅和年糕，再加入清湯，清湯約蓋住年糕7分滿，拌炒均勻，蓋上鍋蓋，燜煮2分半至3分鐘。
5. 試用筷子插一下年糕，如果已軟，放下肉絲拌勻，嘗一下味道，不夠鹹時可少量加鹽調味。見湯汁即將收乾，盛出裝盤。

火腿筍片年糕湯

材料
寧波年糕4條、筍子1支、金華火腿3～4公分
寬1塊、青江菜4棵、清湯4杯

調味料
鹽適量

做法
1. 年糕切片；火腿洗一下，放入碗中，加清水1杯蒸20分鐘，取出待稍涼後切片。筍子去殼切片；青江菜摘菜心，對剖為兩半。
2. 清湯中加入蒸火腿的湯汁，再放入筍片和火腿片同煮10分鐘。
3. 放下年糕和青江菜煮滾，小火再煮1分鐘後嘗一下味道，不鹹的話，適量加鹽調味。

Tips
- 每一家賣的雪裡紅鹹度不盡相同，因此要等煮過後再嘗味道，比較準確。
- 如果要省事買真空包裝、切好的年糕片，打開後要將黏在一起的先分開再炒。切好的年糕較薄，可能煮2分鐘即可（每家品牌不同，要用筷子試插一下）。年糕是米製品、容易發霉，久放要先切片再冷凍。
- 江浙人家過年祭祖要拜年糕，拜過之後吃法很多，可以炒黃芽白（大白菜）、螃蟹炒糕、放入火鍋中吸了湯汁也很好吃。

第八章

賀年鮮蔬

過年最開心就是滿桌年菜，其中不少菜色還蘊含祈福幸運，像是長年菜祈願長命百歲、吃蘿蔔則是取諧音象徵好彩頭⋯⋯，多吃多幸運。

髮菜鮮蔬

　　髮菜音似發財，是過年時取諧音討吉利的食材，尤其在香港、廣東一帶過年必備。髮菜含有大量鈣質，具有清腸、清熱、通便利尿的功效。本身無味，所以最適宜做羹湯或帶芡汁的菜，可以吸附其他食材的好滋味。近年因為環保的關係，真髮菜量少、價格又高，意思一下，少用一點無妨。

　　過年時宜多吃蔬菜避免油膩，除冬筍外，可以加上新鮮洋菇、杏鮑菇、白果、百合等白色鮮蔬和綠色豆苗搭配。豆苗是最嫩的蔬菜，炒的時候要帶點水來炒，借水的熱氣把豆苗快速軟化，翻炒幾下，一變色就要盛出來。

▌材料
冬筍2支、豆苗1包（約300公克）、髮菜適量、蔥屑1大匙

▌蒸髮菜料
薑2片、油½大匙、糖1茶匙、醬油2茶匙、水¾杯

▌調味料
鹽適量、酒少許、太白粉水適量

▌做法
1. 冬筍削皮後要將周圍和底部老的部分修乾淨，切成厚片。且因冬筍質地脆，生的時候切片會裂開，因此可以切成不規則的塊。
2. 整包豆苗雖說是摘好的，但仍有老的部分，可以再摘一次。
3. 髮菜先用水泡約20分鐘使其漲開，用手指搓動髮菜使雜質沉入水中，換2～3次水後，放入碗中，加蒸髮菜料蒸10分鐘，撿除薑片。
4. 起油鍋加熱2大匙油，放入冬筍和蔥花同炒，炒至香氣透出，加入1½杯水，小火煮10分鐘，加少許鹽調味，勾上薄芡。
5. 髮菜連汁倒入鍋中，煮滾勾芡，盛入盤中。
6. 起油鍋，用2大匙油快炒豆苗，淋下少許酒烹香，加少許鹽快速炒至脫去生味即關火，用筷子將豆苗挾放在髮菜上（不要帶湯汁），再將冬筍盛放在中間。

鹹肉冬筍燒塔菜

　　「塔古菜」是有特殊香氣、脆而爽口的冬季季節性蔬菜，整棵好像花一樣散開、葉子有波浪形皺紋，呈扁平狀，因此又稱「塌古菜」，是江南一帶常見的蔬菜，台灣不太普遍，台北規模較大的市場可以買到，或者也可用青江菜代替。

　　冬筍顧名思義是在冬天出的筍子，和綠竹筍的口感截然不同，冬筍脆又有香氣，唯一的缺點就是價格高了些，尤其過年前漲到400元左右一斤，外殼又重，但是年菜中的如意菜、烤麩、春捲又都需要冬筍的香氣，提前到沒有大漲的時候買，又怕冬筍放久了會變老，真是兩難！早買的話，可以連殼先煮熟或蒸熟，放涼後以保鮮膜包好存放。但生的冬筍直接炒較有筍的香氣，香脆可口，因此也可以生的去殼、用保鮮膜包好放冷藏，約可保存10天。

▌材料
塔古菜2棵、冬筍1～2支、鹹肉100公克、百頁半疊、蔥1支、
清湯或水⅔杯、小蘇打粉¼茶匙

▌調味料
鹽適量、太白粉水適量、麻油少許

▌做法

1. 塔古菜用剪刀剪下葉片，使葉片散開，若放的時間較久，纖維較老時，可以像摘菜一般將葉片撕下，以除去纖維。太長的可以一切為兩段，用滾水汆燙一下，撈出沖涼。

2. 鹹肉整塊蒸熟（依鹹肉寬度而定，約30分鐘），放涼後切片；蔥切段。

3. 冬筍洗淨外殼，放入水中，依筍的大小煮約30～40分鐘至熟透，放涼後剝殼，修除老硬的筍皮，再切成片。

4. 百頁切成4寬條，小鍋中燒熱5杯水，放下¼茶匙小蘇打，把百頁泡軟，撈出，沖洗2～3次，瀝乾。

5. 另用1大匙油爆香蔥段、筍片和鹹肉，加入清湯或水炒勻，煮3分鐘。

6. 再加入塔古菜，以中火再燒至喜愛的脆度。加入百頁再煮一滾。

7. 試嘗一下味道後加少許鹽調味，勾薄芡後即可關火，滴下麻油少許，裝盤。

Tips 🖊
　　• 鹹肉和火腿一樣，也是醃過的豬肉，但是用的是後腿臀部的肉，因此不帶大腿骨。同時醃的時間短，肉質較嫩、香氣較淡，不像火腿那樣鹹，可以蒸、炒或燒來吃。

北方大鍋菜

這道菜通常是用吃剩下的紅燒肉或紅燒蹄膀來做，是北方人家常吃的，可做為過年時候的午餐、便餐。白菜、凍豆腐和粉條都吸收了紅燒肉的香味，不放粉條而改用麵條，也是很方便的一餐。

過年前也會買上幾塊豆腐，自己在家做凍豆腐，像酸白菜火鍋或一般的沙茶、麻辣鍋中都用的到，凍豆腐吸收了湯汁，非常受歡迎。凍豆腐做法很簡單，將板豆腐的嫩豆腐放入冷凍庫中，凍上一夜就好了。

▌材料

五花肉1條，約750公克、大白菜600公克、凍豆腐1～2塊、寬粉條2把、蔥5～6支、薑1～2片、八角1～2顆

▌調味料

酒3大匙、醬油½杯、冰糖½大匙、鹽適量

▌做法

1. 五花肉洗淨、瀝乾，切成約3公分大小。
2. 大白菜切寬段；凍豆腐切成厚片；寬粉條用冷水泡軟；蔥切成段。
3. 鍋中燒熱2大匙油，放入蔥段、薑片和八角爆香；加入五花肉塊、炒至肉塊外表都已經變色，淋入酒和醬油再炒煮一下，加入糖和約3杯的水，大火煮滾後倒入砂鍋中，以小火燉煮約1個半小時，燒到肉已經8分爛。
4. 白菜先燙一下或炒至微軟、可以去掉一些白菜的生味，再放入砂鍋中墊底，上面再放凍豆腐和紅燒肉，連肉汁，可酌量加水，要蓋住肉塊，再以中小火燉煮約10～15分鐘。
5. 加入寬粉條，再燉煮3～5分鐘左右，可以加鹽調整味道，即可上桌。

鮮蝦黃瓜排

　　過年準備年菜中的蔬菜類也是學問，葉菜類不易保存要先吃，在採買時要搭配根莖和瓜果類或花椰菜、高麗菜、大白菜，或一些菇類，都是可以放久一點的。

　　這道菜裡我特別將蝦子不切成丁而是拍打一下，再做擦乾、裹粉、汆燙的動作，使蝦子有脆脆又滑嫩的口感。用蝦仁來做羹湯時也不妨這樣處理，會比只切丁硬硬的口感要好，大家不妨試試！

材料

蝦子300公克、小黃瓜5條、竹笙8條、火腿末1大匙、蔥1支、薑2片、 高湯1½杯、蕃薯粉1大匙

醃蝦料

鹽、蛋白、太白粉各少許

調味料

酒½大匙、鹽適量、太白粉水適量

做法

1. 蝦剝殼、抽除腸砂後，沖洗並擦乾水分。用刀面將蝦拍一下，一切為兩段，全部用醃蝦料拌勻，放冰箱中醃半小時以上，拌上番薯粉。

2. 小黃瓜削皮，直著分成三長條，先片除瓜籽部分，切上細刀口，並分成4公分長段。

3. 竹笙用水泡軟，沖洗乾淨，切成4公分段（要用水多沖洗幾次，以除去酸味）。

4. 鍋中燒滾4杯水，水中加少許油和鹽，放入黃瓜汆燙半分鐘，撈出，沖涼。竹笙、蝦段也分別燙一下。

5. 起油鍋，用1大匙油爆香蔥段和薑片，淋下酒和高湯，加鹽調味，放入黃瓜排煮至夠軟，撈出盛盤。再放入竹笙煮一下，撈出排盤。

6. 起最後將蝦仁放入湯中，煮一滾後即勾芡，滴下麻油，撒下火腿絲，澆在竹笙上。

干貝燉長年菜

　　小時候，爸爸常拿干貝當零嘴，看電視或看小說時，邊看邊吃。我們常在圍在爸爸身旁，等他分一些給我們嘗嘗。一小塊就可以嚼半天，那滋味真鮮美極了！現在干貝也是我家冰箱中常備乾貨之一。

　　干貝因產地不同，等級差異極大，鮮味也不同，以日本產的宗谷元貝為最佳。選購的訣竅是，摸起來乾爽、看起來顏色金黃，沒有白色鹽霜結晶，吃起來鮮甜、不會太鹹的，越大顆的越貴，做這道菜使用小一點或碎的無妨。

　　大芥菜是冬天的蔬菜，耐放也耐煮，本省人常以高湯或雞湯來燉煮，可以重複燉煮，吃它軟爛的口感。因為大芥菜的菜葉很長、因此被稱為長年菜，也因為取其好口彩──長長久久，所以在過年時就成為必備的年菜。但是大芥菜微苦，在我們家不是很受歡迎，但為了應景也會備一些上桌。

▌材料
大芥菜1棵、干貝4～5粒、薑絲1大匙

▌調味料
紹興酒1大匙、鹽適量、白胡椒粉少許、太白粉
水適量

▌做法
1. 干貝加水1杯、水中可加酒，放入電鍋中、外鍋加水1杯半，蒸30分鐘。取出放涼後、撕成絲。
2. 芥菜修除葉子部分，菜梗部分切成條片。
3. 鍋中用油先將薑絲炒香，放入芥菜炒片刻、加入干貝和蒸干貝的水，約需1杯水的量，以小火煮至喜愛的軟度。
4. 加入適量的鹽調味，再以太白粉水將湯汁調成稀薄的稠度即可。

瑤柱焗奶油白菜

　　干貝又稱元貝、江瑤柱，是海洋中江珧科動物的肉柱，是高級的乾貨之一，常用來搭配較無鮮味的菜蔬，如白蘿蔔、大黃瓜、芥菜、絲瓜或蛋。我家冰箱中，干貝是常備的乾貨，干貝因產地不同，等級差異極大，鮮味也不同，以日本產的宗谷元貝為最佳。

　　過年時準備這道烤白菜做為蔬菜類是最方便的，可以多做兩、三份，涼了之後以鋁箔紙覆蓋，放冰箱中冷藏。吃之前再撒上起司粉，放入烤箱中烤熱。因為是由冰箱中取出，烤箱的溫度宜調至180℃～200℃，以免起司烤黃了、中間的白菜還不熱。若不使用烤箱烤，也可以直接將白菜放入奶油糊中拌勻裝盤，雖然少了起司香氣，也很好吃。

材料
干貝5粒、大白菜1公斤、鮮奶油2大匙或鮮奶4大匙、Parmesan Cheese起司粉2～3大匙、蔥屑1大匙、麵粉4大匙、清湯1杯

調味料
鹽½茶匙

做法
1. 干貝沖洗一下，加水1杯，入電鍋蒸30分鐘，放涼後略撕碎，湯汁留用。
2. 白菜切成約2公分的寬段。
3. 起油鍋，用約2大匙的油爆香蔥花，放入白菜炒軟，加少許鹽調味，燜煮5分鐘，待白菜出水夠軟時，盛出白菜，湯汁和蒸干貝的汁一起加入清湯中，約有2杯左右的量。
4. 用3大匙油炒香麵粉，加入冷清湯，邊加邊攪勻成麵糊，嘗一下味道酌量加鹽調味，放入干貝和鮮奶油拌勻，盛出約⅓量。
5. 放入白菜拌勻，裝入烤碗中，淋下盛出的干貝糊，再撒上起司粉。
6. 烤箱預熱至220℃～240℃，放入烤碗，烤至表面呈現金黃色，取出上桌。

Tips 　• 照片上面的一道是沒有烤過的瑤柱奶油白菜，烤過後較有香氣。

第九章

甜甜嘴

閩南語俗諺「吃甜甜過好年」，只要在桌上擺出好幾層的零食盒，裝滿各式甜食糖果；鍋上煮些好吃的甜湯，就象徵來年能「甜甜賺大錢」。

心太軟

　　這是大約二十年前在上海流行起來的一道甜點，歷史並不長久，因為和一首流行歌曲同名，所以很容易被人記住，但它也真的非常好吃。當我第一次向一位名廚討教「心太軟」的「心」怎麼做時，他教我用寧波年糕切成條來填塞，但是口感不夠軟Q，而且為此買一包年糕，成本也太高。後來我想到用本省人搓圓仔前，會先煮一塊糯米糰（閩南語稱粿粹），加在一起揉合成糰的方法來做「心」，就很有口感了。一次可以多做一些放保鮮盒中，要吃時再蒸熱、淋汁。

▌材料
紅棗30粒、糯米粉1杯、桂花醬少許

▌調味料
冰糖3大匙

▌做法
1. 紅棗用熱水泡至漲開，約2小時，切一刀口，取出紅棗核。
2. 糯米粉先加水揉成一團，取¼的量放入水中煮5分鐘，再和糯米糰加糯米粉混合，調成粉糰，蓋上濕紙巾，放置10分鐘。
3. 冰糖加水煮溶化，再熬成糖漿狀，調入桂花醬。
4. 將粉糰分成小塊，再搓成條，塞入紅棗中。全部做好後放入盤中，上蒸鍋以小火蒸20分鐘至紅棗漲開。
5. 淋上桂花糖漿，趁熱上桌。

八寶飯

　　八寶飯是上海人在過年時必吃的甜點，雖然市面上很容易買到，但是八寶飯很簡單，自己做可以控制甜度。唯一麻煩的就要買不同的蜜餞類，所以不妨一次做上3、4碗，送給朋友做伴手禮十分理想。

　　或者像現在許多店家把八寶改成只有四寶。我覺得八寶中不可少的是橘餅、大紅豆和桂圓肉，蒸過之後味道融合，十分合味。沒有桂花醬也可以不用，其實這些八寶料在南門市場都可以買到，順便也可以逛逛！把糯米改成蒸熟壓碎的芋頭，可以做成「八寶芋泥」，也很好吃。

▌材料

圓糯米2杯、豬油2大匙、豆沙½杯、紅棗4粒、冬瓜糖、桂圓肉、大紅豆（甘納豆）、橘餅、糖蓮子適量

▌調味料

白糖1大匙、冰糖1½大匙、桂花醬½茶匙、太白粉水適量

▌做法

1. 糯米洗淨，加1⅓杯水，煮成糯米飯，趁熱拌入1大匙豬油和糖1大匙。

2. 紅棗泡水至軟後切下棗肉，其他乾果也視需要，切小一些。

3. 取1個大碗，塗上1大匙豬油，放入冰箱中冰10分鐘、使豬油凝固。

4. 碗中排上各種乾果，再放入糯米飯，當放到一半量的糯米飯時，放入拍扁的豆沙，上面再鋪上糯米飯。

5. 入鍋蒸2小時。倒扣在大盤中。

6. 用1杯水加冰糖煮融化，太白粉水略勾薄芡，放下少許桂花醬攪勻，淋在八寶飯上。

Tips 🖊
- 做甜點心要使用圓的糯米較有黏性。糯米不吸水，所以1杯糯米只要加⅔杯的水，放入電鍋煮成糯米飯即可使用。

芝麻鍋炸

　　「芝麻鍋炸」也是我們在等待媽媽下課後希望會留下的一道甜點，裡面軟軟滑滑的，外面芝麻和糖，香香甜甜的。媽媽上課時會叮囑學生，剛炸好，裡面很燙的！這道芝麻鍋炸外面很少賣，它是一道廣東點心，把牛奶換成雞高湯，還可以做成鹹的，和宜蘭有名的糕渣很像。過年時媽媽會做一份放在冰箱裡，客人來了切幾塊炸來吃，口味絕對不輸炸年糕！

▌材料
芝麻3大匙、雞蛋2個、麵粉⅔杯、牛奶2杯、太白粉½杯

▌調味料
糖約4大匙

▌做法
1. 將芝麻放入炒鍋內，用小火炒香。盛出後，待涼透即用擀麵棍擀碎，再加白糖拌勻備用。
2. 在一只大碗內打散雞蛋，加入牛奶，再將麵粉慢慢加入、調合成稀糊狀（調至無粉粒為止）。
3. 將炒鍋燒熱，倒下已調好之麵糊汁，用炒鏟迅速不停的翻炒拌攪（小火），至煮滾且全部糊汁都已轉成光滑而黏稠之膏狀為止，將鍋離火。
4. 把麵糊膏倒進已塗了麻油的模型中，約1.5公分厚（亦可用保鮮盒）。待稍冷後，移入冰箱內使其凝固（約2～3小時）。
5. 將之凝固之麵膏（已成塊狀）倒出在板上，先切成1.2公分寬之條狀、再斜切成菱角形，撒上許多太白粉，裹住每一小塊。
6. 在鍋內將炸油燒得極熱之後，分兩次投下上項材料，用大火炸成金黃色為止，撈出後馬上盛在碟中，然後撒上第一項之芝麻糖稍拌，即趁熱送食之。

Tips
- 芝麻最好在冷鍋時放下，開火後要用鏟子不停地鏟動，等芝麻開始跳動時表示已經受熱膨脹、開始爆開了，這時就要趕快盛出了。
- 一開始炒麵糊時還可用大火，因為這時候水分還多，炒到越來越乾時，就要改小火炒，以免會沾鍋燒焦了！

豆沙西米布丁及鳳凰西米露

　　另一道鳳凰西米露也是廣東館中有名之甜湯，將煮過之西米撈出，另外倒入6杯滾水中，用適量之糖調味後再勾芡，關火、將2個蛋黃攪入即可，加冰或熱吃均可。也有的餐館西米中加入壓碎之芋泥或打碎之香瓜，或加椰漿、做成不同口味的露。

▍材料

西谷米1 杯，約250公克、豆沙1杯

▍調味料

糖½杯、奶油2大匙、牛奶1杯、玉米粉5大匙、清水6大匙、蛋黃3個、香草粉½茶匙或香草精數滴

▍做法

1. 將10杯水燒開後，倒下西谷米，小火煮10分鐘（至西谷米透明、但中間仍有白點為止），過濾、撈出。

2. 另用2杯開水將糖煮溶化，放下奶油及牛奶，馬上用調水之玉米粉勾芡，熄火後再放香草粉，加入蛋黃、速加攪拌均勻，然後將西米放進去，調拌成乾糊狀（淡黃色的）。

3. 先將材料之一半倒入烤盆內，再中間放入豆沙，然後將另一半西米材料再倒入，並抹平表面，塗上少許融化的奶油。

4. 烤箱預熱至220℃～240℃，將烤盆放入烤箱內，烤約15分鐘左右，至表面上呈現焦黃色即可完成。

福圓紅棗蓮子湯

　　這是我婆婆每年除夕時要準備好的甜湯，大年初一起來就熱在電鍋中，等來拜年的客人進門後，就先奉上一碗，甜甜嘴、暖暖胃。

　　婆婆堅持用整顆桂圓剝殼後來用，是要求它圓圓的外型帶來圓滿的祝福。以前處理起蓮子和白木耳比較麻煩，尤其是白木耳，太白的擔心它漂白、太黃的又擔心它難看，泡漲後還是會有酸酸的氣味，要用熱水再燙過。現在人就有福氣多了，近幾年有新鮮的白木耳研發上市，分成小朵，很容易煮軟，口感又滑爽又有香氣。至於新鮮蓮子，幾乎一年四季都能買到，因此現在我做這道甜湯都用新鮮貨，只要將紅棗先煮半小時，加入桂圓、蓮子和白木耳一起，再煮8～10分鐘就好了。

　　新鮮蓮子煮得恰到火候時，它的鬆軟口感和香氣，是乾蓮子無法比的，當然它的缺點就是無法持續加熱。甜湯中還可以加百合、白果都很合味。

材料
乾蓮子200公克、桂圓30粒、紅棗20粒、乾白木耳80公克

調味料
冰糖適量，桂花醬適量

做法
1. 紅棗泡過夜；桂圓剝殼，整粒來用；乾蓮子和白木耳分別泡水一夜，木耳要多沖洗幾次，使它顏色變白，沒有酸味。
2. 木耳用快鍋先煮20分鐘，再加紅棗和蓮子一起煮30分鐘，加入桂圓煮10分鐘，最後加冰糖和桂花醬調味。

我們家的年夜飯

　　「雞、鴨、魚、肉、蝦，外帶大海參」，這是專屬我們姊弟仁人的回憶。每逢過年的年夜菜，我們都會這樣開玩笑地嚷著，跟媽媽說年夜飯要吃：雞鴨魚肉蝦，外帶大海參。

　　在那個年紀還小的年代裡，能有這六樣東西吃，那就真叫「過年」了。其實已不太記得年夜飯到底吃了些什麼？只記得那時一家人總是和樂融融的一起吃年夜飯，與午夜發子後的餃子。那是個有著「溫暖的家」的年少時代，所以多年來我一直是「一定要在家吃年夜飯」的支持者。

　　記憶中真沒有哪一頓年菜，是特別好吃的。年夜飯最特別的其實就是吃氣氛，全家大小都能回家，圍著飯桌，開心聊天。我相信不同年紀的每個人，當下都在享受著自己情感層面的歡愉。開動前的舉杯，環顧自己最親近的家人，互道新年快樂，這就是最完美的年夜飯時光。

　　為家人準備過年時吃的，最忙碌的永遠是媽媽，往往超過十天前的準備，一直要忙到年夜飯上桌，等大家就坐，將最後一盤菜端上桌後，她才會安心地坐下來和大家同樂，看到全家每個人滿足的眼神，我想在她心中：一切辛苦都值得了。

　　年菜不單是指除夕夜吃的那一頓年夜飯，還包括了年假幾天要吃的東西，所以事前要做好計畫來採買準備，總得比平常日子吃的豐富些才像過年。

　　之後，在媽媽往生的前一年，家裡就剩我們兩個還在台灣過年。那晚媽媽特別親手做了我愛吃的臘味飯跟紅燒魚翅，兩個人共度了這個最少家人在一起的大年夜，雖然歡笑聲不再，傳統的午夜餃子也沒了，但滿滿的母愛與家的感覺，卻是我最懷念的一頓年夜飯。

　　隔年媽媽去世，家裡長輩都走了，好一陣子，吃年夜飯的心情再也不像往年了。

　　2015 年 1 月的年夜飯，我的孫子首次參加了家裡的年夜飯，雖然才 3 個月大，還不能上桌，但有他這個新成員的加入，讓那晚的年夜飯充滿了歡笑，有了新生命力。

　　2016 年的年夜飯，第一次請了我的美國好友 Roger 到家裡過年，讓當時隻身在台的他，感受一下中國人在家過年吃年夜飯的溫馨。

　　我始終認為，自己動手做年菜，讓家人在家團圓吃頓年夜飯，是一件能讓家裡每一個年紀的成員，留住自己生命裡不同時期的情感，作為他們一生中的美好回憶，是值得忙碌一下的。

程顯灝

過年囉！

歡喜團圓做年菜

作　　　　者	程安琪	
攝　　　　影	楊志雄、張志銘、徐博宇、	
	林宗億、郭璞真	
編　　　　輯	翁瑞祐	
校　　　　對	翁瑞祐、鄭婷尹	
美 術 設 計	曹文甄	

發 行 人	程安琪	
總 策 畫	程顯灝	
總 編 輯	呂增娣	
主　　　　編	翁瑞祐	
編　　　　輯	鄭婷尹、吳嘉芬	
	林憶欣	
美 術 主 編	劉錦堂	
美 術 編 輯	曹文甄	
行 銷 總 監	呂增慧	
資 深 行 銷	謝儀方	
行 銷 企 劃	李 昀	

發 行 部	侯莉莉	
財 務 部	許麗娟、陳美齡	
印 務	許丁財	
出 版 者	橘子文化事業有限公司	

總 代 理	三友圖書有限公司
地　　　　址	106台北市安和路2段213號4樓
電　　　　話	(02) 2377-4155
傳　　　　真	(02) 2377-4355
E - m a i l	service@sanyau.com.tw
郵 政 劃 撥	05844889 三友圖書有限公司

總 經 銷	大和書報圖書股份有限公司
地　　　　址	新北市新莊區五工五路 2 號
電　　　　話	(02) 8990-2588
傳　　　　真	(02) 2299-7900

製 版 印 刷	鴻嘉彩藝印刷股份有限公司

初　　　　版	2017年12月
定　　　　價	新台幣420元
I S B N	978-986-364-112-4 （平裝）

http://www.ju-zi.com.tw

三友圖書
友直 友諒 友多聞

國家圖書館出版品預行編目 (CIP) 資料

過年囉！歡喜團圓做年菜 / 程安琪作 . -- 初版 .
-- 臺北市：橘子文化, 2017.12
　　面；　公分

ISBN 978-986-364-112-4（平裝）

1. 食譜 2. 烹飪
427.1　　　　　　　　　　　　106021063